essentials

Essentials liefern aktuelles Wissen in konzentrierter Form. Die Essenz dessen, worauf es als „State-of-the-Art" in der gegenwärtigen Fachdiskussion oder in der Praxis ankommt. *Essentials* informieren schnell, unkompliziert und verständlich

- als Einführung in ein aktuelles Thema aus Ihrem Fachgebiet
- als Einstieg in ein für Sie noch unbekanntes Themenfeld
- als Einblick, um zum Thema mitreden zu können

Die Bücher in elektronischer und gedruckter Form bringen das Fachwissen von Springerautor*innen kompakt zur Darstellung. Sie sind besonders für die Nutzung als eBook auf Tablet-PCs, eBook-Readern und Smartphones geeignet. *Essentials* sind Wissensbausteine aus den Wirtschafts-, Sozial- und Geisteswissenschaften, aus Technik und Naturwissenschaften sowie aus Medizin, Psychologie und Gesundheitsberufen. Von renommierten Autor*innen aller Springer-Verlagsmarken.

Jörg Friedhelm Venzke

Die Borealis

Natur, Geschichte und Zukunft

Springer Spektrum

Jörg Friedhelm Venzke
Sottrum, Niedersachsen, Deutschland

ISSN 2197-6708   ISSN 2197-6716 (electronic)
essentials
ISBN 978-3-662-68987-5   ISBN 978-3-662-68988-2 (eBook)
https://doi.org/10.1007/978-3-662-68988-2

Die Deutsche Nationalbibliothek verzeichnet diese Publikation in der Deutschen Nationalbibliografie; detaillierte bibliografische Daten sind im Internet über https://portal.dnb.de abrufbar.

Planung/Lektorat: Simon Shah-Rohlfs
Springer Spektrum ist ein Imprint der eingetragenen Gesellschaft Springer-Verlag GmbH, DE und ist ein Teil von Springer Nature.
Die Anschrift der Gesellschaft ist: Heidelberger Platz 3, 14197 Berlin, Germany

Das Papier dieses Produkts ist recycelbar.

Was Sie in diesem *essential* finden können

- Basisinformationen zum Naturraum
- Basisinformationen zur Erschließungsgeschichte
- Darstellung und Erörterung der Problemfelder der Nutzung
- Reflexion über zukünftige Entwicklungen

Inhaltsverzeichnis

Abbildungsverzeichnis

Einführung

1

Im Sommer 1890 unternimmt der russische Schriftsteller Anton Pawlowitsch Tschechow eine Reise durch Sibiren zur Insel Sachalin, verfasst einen Reisebericht und schreibt darin:

> *„Die Kraft und der Zauber der Tajga liegen nicht in den gigantischen Bäumen und in einer Grabesstille, sondern darin, dass vielleicht nur die Zugvögel wissen, wo sie zu Ende ist. Am ersten Tag achtet man noch nicht darauf, am zweiten und dritten wundert man sich, und am vierten und fünften überkommt einen eine solche Stimmung, als ob man niemals mehr aus diesem Ungeheuer Land herausfinden würde. [...]*
>
> *Solange die Tajga nicht dichter besiedelt ist, ist sie mächtig und unbesiegbar, und der Satz ‚Der Mensch ist der Herr der Natur‘ klingt nirgends so dumm und so falsch wie hier. [...]*
>
> *Gewöhnliche menschliche Maßstäbe sind in der Tajga unangebracht.“*[1]

Tschechow reiste noch mit einer Pferdekutsche auf im Sommer trocken-staubigen oder feucht-schlammigen Pisten durch die Taiga[2]; die Erschließung des riesigen sibirischen Raumes mit Hilfe von Dampfkraft begann mit dem Bau der Transsibirischen Eisenbahn erst ein Jahr später. Auch in Nordeuropa und Nordamerika

---

[1] Anton P. Tschechow schreibt über seine Reise in der Sankt Petersburger Tageszeitung *Nowoje wremja;* dieses Zitat steht unter dem 20. Juni 1890. Es findet sich in Gerhard Dick (Hrsg.): *Anton Tschechow: Die Insel Sachalin. Reiseberichte, Feuilletons, Literarische Notizhefte.* 604 Seiten. Rütten & Loening, Berlin 1969.

[2] Der Begriff ‚Taiga‘ stammt aus der jakutischen Sprache und bedeutet ‚Wald‘; er wird im engeren Sinne nur für die sibirischen, heute jedoch oft auch für alle nördlichen Nadelwälder benutzt.

J. F. Venzke, *Die Borealis*, essentials, https://doi.org/10.1007/978-3-662-68988-2_1

1

Abb. 1.1 Unendlich erscheinende boreale Wälder in Alaska aus der Luft. (Quelle: Jörg F. Venzke, September 1993)

geschah Vergleichbares ebenfalls gegen Ende des 19. oder sogar erst zu Anfang des 20. Jahrhunderts. Bis dahin waren es die großen Wasserwege, auf denen sich Menschen mit ihren Waren im größten Waldgebiet der Erde überwiegend bewegten.

Und gewaltig sind diese Wälder in der Tat (siehe Abb. 1.1)!

Boreale Wälder erreichen in Ostsibirien eine maximale Nord-Süd-Ausdehnung von ca. 2800 km, bedecken in Nordamerika und Nordeurasien zusammen mit riesigen Moorgebieten eine Gesamtfläche von 12 bis 20 Mio. km^2 und nehmen damit acht bis 13 % der Landoberfläche ein! Diese recht vage Größenangabe erklärt sich aus der Ungenauigkeit der Abgrenzungsdefinitionen: Allein die Distanz zwischen geschlossenem Wald im Norden und dem letzten, einzeln stehenden Baum an der Grenze zur arktischen Tundra kann einige hundert Kilometer betragen[3]!

Auf jeden Fall ist dieser nordhemisphärische zirkumpolare Landschaftsgürtel die größte globale Waldökozone und größer als zum Beispiel die Zone

---

[3] Man bezeichnet dieses Ökoton, den Übergangsbereich zwischen zwei Ökosystemen, auch als Waldtundra.

der immerfeuchten Tropen, deren Regenwälder viel stärker in der öffentli-
chen Wahrnehmung stehen. Die Zone der nördlichen Nadelwälder oder die
,Borealis'[4], wie sie hier überwiegend genannt werden soll, stehen – meines
Erachtens ungerechtfertigterweise – viel weniger im Fokus der wissenschaftlichen
Behandlung.
Erkunden wir also die Borealis ein wenig!

---

[4] Der Name leitet sich von ,Boreas', der Gottheit des kalten Nordwindes in der griechischen
Mythologie, ab; ,boreal' bedeutet soviel wie ,nördlich'. Vgl. Venzke (2008).

Die Natur der Borealis 2

Ein globales, also weltweites Ökosystem wird in seiner Struktur und Dynamik im Wesentlichen von seinen klimatischen Verhältnissen bestimmt. Deren Betrachtung ist wegen ihrer Bedeutung für die Vegetations- und Bodenökologie sowie den landschaftlichen Wasserhaushalt und natürlich auch für die Nutzung der biologischen Ressourcen sowie die Lebensbedingungen der Menschen fundamental.

- Das **Klima und der Wasserhaushalt** der Borealis ist geprägt durch Langtagbedingungen während kurzer Sommer und fast totaler Nacht im langen Winter. Der jährliche Strahlungsgenuss ist 20 bis 25 % geringer als der in der sich südlich anschließenden Zone der gemäßigten Mittelbreiten und macht etwa die Menge aus, die dort allein während der Vegetationsperiode erreicht wird. Wegen der niedrigen Sonneneinstrahlungswinkel und der hohen Albedorate der bis zu neun Monate liegenden Schneedecke weist die mittlere jährliche Strahlungsbilanz negative Werte auf. Dieses Defizit wird ausgeglichen durch die Heranführung von feuchten, ozeanischen Luftmassen durch pazifische oder atlantische Zyklone mit darin gespeicherter latenter Wärme. Für die nordeuropäische Borealis hat dies beispielsweise zur Folge, dass etwa zwei Drittel des Energiegewinns durch advektive Prozesse und nur ein Drittel durch Sonneneinstrahlung erfolgt. In den kontinentalen Regionen Kanadas und Sibiriens sieht

---

Ausführlichere deutschsprachige Darstellungen der physiogeographischen Verhältnisse der borealen Landschaftszone finden sich bei Treter (1993), Schultz (2000, S. 183–225) und Venzke (2008).

© Der/die Autor(en), exklusiv lizenziert an Springer-Verlag GmbH, DE, ein Teil von Springer Nature 2024
J. F. Venzke, *Die Borealis*, essentials,
https://doi.org/10.1007/978-3-662-68988-2_2

dies wegen der blockierenden Wirkung Nord-Süd-verlaufender Gebirge wie den Rocky Mountains und dem Ural und der großen Entfernung zum Pazifik bzw. Atlantik ganz anders aus. Trockene, wolkenarme Luftmassen lassen dort im Winter hohe Aus- und im Sommer bei Langtagsbedingungen relativ hohe Einstrahlungsraten zu, woraus extrem hohe saisonale Temperaturunterschiede resultieren. Temperaturamplituden zwischen Tageshöchst- und -tiefstwerten von über 100 K[1] sind möglich! Werchojansk in Nordjakutien – etwa 120 km nördlich des Polarkreises gelegen und wo seit 1885 Temperaturmessungen vorgenommen werden – wies am 5. und 7. Februar 1892 mit −67,8 °C den Tageskälterekord für dauerhaft von Menschen bewohnten Orten, ein Rekord, der 41 Jahre später auch in Oimjakon erreicht wurde, und am 20. Juni 2020 mit +38,0 °C den höchsten in der Borealis gemessenen Wert auf!

Während der Vegetationsperiode – definiert durch die Anzahl der Tage mit über +5 °C Tagesmitteltemperatur – erreicht die Borealis nur etwa die Hälfte bis Dreiviertel der Energie der Mittelbreiten. Die nördliche Begrenzung der Landschaftszone wird klassischerweise durch die 10 °C-Juli-Isotherme, also einer Wärmemangelgrenze, die mehr oder weniger mit der nördlichen Verbreitung von Baumwuchs einhergeht, definiert.

Hydroklimatologisch gesehen ist die Borealis eine eher trockene Zone. Lediglich in den ozeanisch geprägten Regionen Südalaskas, Skandinaviens und Nordrusslands sowie im russischen Fernen Osten fallen mit teilweise über 2000 mm pro Jahr mehr Niederschläge als dort potenziell verdunsten. Die kontinentalen borealen Regionen weisen hingegen bei Jahresniederschlägen von nur wenigen Hundert Millimetern und oft höheren Verdunstungsraten klimatologische Wasserdefizite auf. Die meisten Niederschläge fallen zwar im Sommer; die bis zu neun Monate andauernde winterliche Schneedecke ist jedoch für die Wahrnehmung des jahreszeitlichen Klimageschehens bedeutsamer. Der spätwinterlich-frühjährliche Schmelzwasserabfluss ist ein beeindruckendes Naturschauspiel. In den zwei bis drei Millionen Quadratkilometer großen Flusseinzugsgebieten, die nach Norden zum Arktischen Ozean entwässern – zum Beispiel die des Mackenzie, des Ob, des Jenissei mit Angara, der Lena und der Kolyma, alle zwischen 2500 und 5500 km lang[2] –, werden dann durch die in ihren Mündungsbereichen noch nicht aufgebrochenen Flusseisbarrieren von den im Süden anfallenden Schmelzwässern oft großflächige

---

[1] K = Kelvin. Maßeinheit für Temperaturunterschiede, entspricht der bekannten Celsius-Skalierung.

[2] Zum Vergleich: Der etwa 1280 km lange Rhein entwässert ein Einzugsgebiet von etwa 220.000 km² mit einem mittleren Abfluss von 2900 m³/s!

Überschwemmungen verursacht. Der sommerliche Landschaftswasserhaushalt in den borealen Permafrostgebieten ist von nur einige Dezimeter auftauender Bodengefrornis (s. u.) geprägt, durch die es zu Stauwasserbedingungen und oberflächennahen Vernässungen kommt.

Folglich sind für „das" boreale Klima ein hohes Maß an Saisonalität sowie beachtliche planetarische und ozeanisch-kontinentale Unterschiede charakteristisch, für das Begriffe wie ‚Schnee-Wald-Klimate', ‚kalt gemäßigte Boreal-Klimate' oder ‚kalte Mittelbreiten mit mikro- und oligothermen Vegetationsperioden' kreiert wurden[3].

Auf einen Faktor bei der Beurteilung der Bedeutung derartiger klimastatistischer Daten sei hier, da es ja bei der Borealis um eine ‚Wald'-Zone handelt, allerdings ausdrücklich hingewiesen: Die Vegetationsschicht und die mächtige Rohhumusdecke spielen als Puffer zwischen dem ‚atmosphärischen' Klima – standardisiert gemessen in zwei Metern Höhe und unbeeinflusst von Vegetation, Bebauung und Oberflächenversiegelung – und dem ‚bodennahen' eine beträchtliche Bedeutung bei der Klimawirksamkeit für andere geoökologische Subsysteme.

Diese sehr knapp skizzierten klima- und hydrogeographischen Verhältnisse in der Borealis sind allerdings über die Zeit nicht stabil. Klimaschwankungen und Veränderungen der geoökologischen Milieus sind in erdgeschichtlichen Zeiträumen vollkommen natürlich. So war die gesamte Borealis, besonders die ostkanadische, im sogenannten Mittelalterlichen Wärmeoptimum vom 9. bis 12. Jahrhundert um bis zu 2 K wärmer als das Mittel der letzten 1200 Jahre. Dagegen zeigte die alaskische Borealis im 17. Jahrhundert und Nordeuropa und Nordrussland im 19. Jahrhundert in der sogenannten ‚Kleinen Eiszeit' mit 2 K niedrigeren Temperaturen die kältesten Regionen der Nordhemisphäre[4].

Aber (fast) jedermann ist sich heute der dramatischen Veränderungen des Klimas durch menschliche Aktivitäten in der extrem kurzen Zeitspanne seit dem Beginn der Industriellen Revolution vor rund 250 Jahren mit der verstärkten Anreicherung von Treibhausgasen in der Atmosphäre bewusst. War die Borealis zu Beginn des 20. Jahrhunderts noch kühler als das nordhemisphärische Jahrhundertmittel, lagen in Sibirien die Abweichungen der letzten beiden Dekaden mit bis zu 2 K am höchsten[5]. Für Jakutsk in Ostsibirien bedeutete dies einen geschätzten Trend des Anstiegs der Jahresmitteltemperatur im

---

[3] Köppen (1936), Troll und Paffen (1964), Lauer und Rafiqpoor (2002).

[4] Ljungquist et al. (2012).

[5] Ebd.

Zeitraum von 1979 bis 2021 von $-9,7$ °C auf $-7,4$ °C[6]! Für Zentralalaska (Fairbanks) teilt das *Alaska Climate Research Center* eine Zunahme der Jahresmitteltemperatur von 2,3 K mit dem stärksten Anstieg im Winter (+4,3 K) im Zeitraum von 1949 bis 2020 mit. Von den letzten zwanzig Jahren lagen fünfzehn über dem Mittel der Jahre 1981 bis 2010. Die Temperaturzunahme geht in den kontinentaleren Regionen einher mit abnehmenden Niederschlägen. Diese Tendenz ist in der nördlichen Borealis stärker ausgeprägt als in der südlichen[7].

Möglicherweise ist eine Abschwächung des Jetstreams die Ursache für länger anhaltende Tief- und Hochdruckwetterlagen in der Borealis und den Mittelbreiten. Weitere Grundlagenforschung ist noch notwendig!

- Die **vegetationsökologischen Verhältnisse** der Borealis sind wegen der hohen Breitenlage von der großen Saisonalität der Einstrahlung und demzufolge einer Vegetationsperiode von nur vier bis fünf Monaten (s. o.) mit Langtagbedingungen sowie langen und zum Teil sehr kalten Wintern bestimmt. Außerdem wirken spätwinterliche Frosttrocknis und eine oft geringe Nährstoffverfügbarkeit im sauren Bodenmilieu als besondere Stressfaktoren für die Vegetation.

Die boreale Flora besteht im Vergleich zu den südlicheren Ökozonen aus deutlich weniger Arten und ist zirkumpolar recht ähnlich. Diese geringe Phytodiversität liegt nicht nur an den verhältnismäßig ungünstigen Umweltbedingungen, sondern auch an dem relativ geringen Alter der Ökosysteme: Sie haben sich erst nach dem Verschwinden der ausgedehnten Inlandvereisungen in Nordamerika, Nordeuropa und Sibirien im Spätglazial und Frühholozän um etwa 13.000 bis 9000 Jahre vor heute entwickeln können. So sind es lediglich vier Koniferengattungen, die im Klimaxzustand der Entwicklung die Waldvegetation aufbauen, nämlich Fichten *(Picea),* Kiefern *(Pinus),* Lärchen *(Larix)* und Tannen *(Abies).* Außerdem kommen in frühen Phasen der Sukzessionen oder an azonalen Standorten winterkahle Birken *(Betula),* Pappeln *(Populus),* Erlen *(Alnus)* oder Weiden *(Salix)* vor. In den Übergangsbereichen zu den benachbarten Zonen finden sich verständlicherweise Florenelemente der Arktis, der nemoralen Laubwälder bzw. der kontinentalen Steppen.

Die Wälder sind stockwerkartig aufgebaut (siehe Abb. 2.1): Unter einer oberen, 15 bis 25 m hohen Baumschicht aus Koniferen kommt meist eine mit ihr verzahnte, untere Schicht mit Jungwuchs vor, darunter eine flächendeckende Schicht aus Zwergsträuchern und mehrjährigen, krautigen Pflanzen

---

[6] www.meteoblue.com/de/climate-change/jakutsk_russland_2013159

[7] https://akclimate.org/climate-change-in-Alaska

Abb. 2.1 Urwaldartiger borealer Fichten- und Kiefern-Altbestand im Hamra-Nationalpark, Dalarna, Mittelschweden. (Quelle: Jörg F. Venzke, Juni 1999)

sowie eine Moos- oder Flechtenschicht. In diesen Vegetationsschichten wird die einkommende Sonnenstrahlung fotosynthetisch verwertet und mit einer Nettoprimärproduktion von vier bis acht Tonnen pro Hektar und Jahr – das sind nur etwa 20 bis 25 % der Produktion tropischer Wälder – eine Phytomasse von 100 bis 300 t pro Hektar aufgebaut. Und es wird die Bodenoberfläche stark beschattet und der Untergrund im Sommer recht kühl gehalten. Zur öko-systemaren Betrachtung des Stockwerkbaus gehört auch die der mächtigen

Rohhumusschicht, in der sich die abgestorbene organische Substanz – vom umgestürzten Baum bis hin zur Nadelstreu – aufgrund der niedrigen Bodentemperaturen und des sauren Milieus mit bis zu 1000 t pro Hektar anreichert[8] und Kohlenstoffverbindungen über Jahrzehnte hinweg konserviert werden, bevor sie durch den eingeschränkten mikrobiellen Abbau CO_2 wieder an die Atmosphäre abgegeben werden. Dabei sind die wichtigsten Destruenten Pilze, die über Mycorrhizen mit Bäumen und Zwergsträuchern im Stoffaustausch stehen[9].

Die meisten Bäume der borealen Waldvegetation sind Koniferen, die ihre mehrjährigen Nadeln beständig erneuern, sodass ein ‚immergrüner' Eindruck entsteht. Der Vorteil ist die ständige Präsenz des Assimilationsapparates, der eine optimale Ausnutzung der kurzen Vegetationsperiode gewährleistet. Allerdings bedarf es einer ausreichenden Kälteresistenz im Winter (siehe Abb. 2.2), die durch bestimmte Zuckerverbindungen erreicht wird, die die Ausbildung von Eiskristallen in den Nadelzellen verhindern. Die Kleinblättrigkeit und der Wachsüberzug stellen zudem einen wichtigen Schutz gegen die Gefahr von spätwinterlicher Frosttrocknis dar, wenn die Nadeln bereits transpirieren, jedoch aus dem noch gefrorenen Boden kein Wasser gezogen werden kann.

Eine andere Strategie liegt bei den sommergrünen Lärchen vor (siehe Abb. 2.3), die im Winter ihre Nadeln abwerfen: Sie erreichen in Gebieten mit Wintertemperaturen, die etliche Wochen unter $-40°C$ liegen, Dominanz. Sie müssen keinen aufwendigen Frostschutz aufbauen und vermeiden Frosttrocknisschäden, müssen allerdings im Frühjahr rasch ihre Nadeln neu bilden, um auf ausreichende Fotosyntheseleistungen zu kommen. Dies ist bei den im Allgemeinen höchsten sommerlichen Einstrahlungswerten und Temperaturen in der Borealis aber auch möglich. Die ausgedehntesten Lärchenwälder – oft über Tausende von Quadratkilometern – kommen im hochkontinentalen sibirischen Jakutien vor.

Ein bedeutender Faktor in borealen Ökosystemen ist Feuer. Waldbrände gehören zu den natürlichen Phänomenen, die überwiegend durch Blitzschlag ausgelöst werden (siehe Abb. 2.4). Sie treffen am meisten Altbestände, in denen sich im Totholz und Rohhumus über Jahrzehnte hinweg viel Brennstoff angereichert hat. Waldbrände ‚befeuern' im wahrsten Sinne des Wortes die Vegetationsdynamik, durch die auf einer abgebrannten Fläche über verschiedene Sukzessionsstadien mit schnell wachsenden Birken- und Pappelwäldern

---

[8] Man beachte: Die oberirdisch lebende Biomasse entspricht nur 10 bis 30 % der toten Biomasse der Rohhumusschicht!

[9] Schultz (2000, S. 221 und 542).

Abb. 2.2 Verschneiter Fichtenwald bei Vindeln, Västerbotten, in Nordschweden. (Quelle: Jörg F. Venzke, März 1986)

(siehe Abb. 2.5) nach einigen Dutzend Jahren das Optimalstadium mit Koniferen erreicht wird. Durch das Verbrennen organischer Substanz wird enorm viel CO_2 freigesetzt, in den frühen Aufbaustadien jedoch auch erneut gebunden. Die Bilanz dürfte über längere Zeiträume ausgeglichen sein, es sei denn, die Waldbrandfrequenz wird erhöht. In den bis mehrere Hundert Jahren alten *Old Growth Forests* mit den höchsten Biodiversitätswerten erhöht sich durch das Absterben der Bäume der Anteil des Totholzes, und die Waldbrandgefahr

Abb. 2.3 Lichte Kiefern- und Lärchentaiga westlich von Jakutsk, Zentraljakutien. (Quelle: Jörg F. Venzke, Juni 1990)

nimmt extrem zu. Der ökologische ‚Nutzen' von Feuer liegt in der schlagartigen Freisetzung von Nährstoffen. Da Waldbrände in einer borealen Landschaft räumlich und zeitlich differenziert auftreten, existiert oft ein sogenanntes Mosaik-Zyklus-Muster von nebeneinander vorkommenden, verschieden alten Sukzessionsstadien mit unterschiedlicher floristischer (und auch faunistischer) Struktur, die die Biodiversität fördert. *„Die borealen Nadelwälder existieren nicht trotz, sondern wegen des Feuers"*[10]! Seit der regional flächenhaften Besiedlung und Nutzung durch den Menschen, aber auch die sich ändernden klimatischen Bedingungen haben die (anthropogen induzierten) Waldbrände dramatisch zugenommen (s. u.) (siehe Abb. 2.5).

In das Muster borealer Landschaften gehören klein- wie großräumig auch Nieder- und Hochmoore, wo die hydrologischen Verhältnisse Baumwuchs nur schwer zulassen, Torfmoose die Dominanz erreichen und zum Teil etliche

---

[10] Treter (1993).

Abb. 2.4 Ein Jahr alte Waldbrandfläche westlich von Jakutsk, Zentraljakutien. (Quelle: Jörg F. Venzke, August 1992)

Meter mächtige Torflagerstätten aufbauen. Im westsibirischen Tiefland zwischen Irtysch und Jenissej sowie südlich der Hudson Bay in Ontario kommen die ausgedehntesten borealen Moorlandschaften der Welt vor.

• Ein sehr bedeutsamer Faktor für die Landschaftsökologie der Borealis, aber auch für das gesamte globale Ökosystem ist der **Permafrost,** der jedoch nur in den nördlichen und kontinentaleren Regionen dieser Landschaftszone vorkommt. Man versteht darunter über mindestens zwei Jahre hinweg dauernd unter 0 °C kalten Untergrund – egal, ob Festgestein oder Lockermaterial – der im Sommer nur im oberen Bereich auftaut (siehe Abb. 2.6). Diesen nennt man *Active Layer,* weil nur hier die wichtigen bodenökologischen Prozesse wie Zersetzung von organischer Substanz, Nährstoffmobilisierung und Wasserversorgung der Vegetation, aber auch morphodynamische Vorgänge, stattfinden können (siehe Abb. 2.7). Die Mächtigkeit der sommerlichen Auftauschicht hängt natürlich von der eingebrachten Energie ab, aber auch von der Isolationsfähigkeit der Vegetation (s. o.). Dauerfrostböden haben sich während der mehrfachen Kaltzeiten des Quartärs gebildet und erreichen im Mittelsibirischen Bergland Tiefen von etwa 1500 m. In vielen Regionen sind – ähnlich

Abb. 2.5 Von Birken und Espen bestimmte Sukzessionsflächen nach Waldbränden westlich von Fairbanks, Zentralalaska. (Quelle: Jörg F. Venzke, September 1988)

wie in der Arktis – jungquartäre organische Ablagerung durch die dauerhafte Gefrornis aus dem Zersetzungsprozess herausgenommen. Bei zunehmender Erwärmung, Verminderung der isolierenden Bodenbedeckung und Vertiefung des *Active layers* können ausgedehnte Thermokarstlandschaften entstehen[11] (siehe Abb. 2.8). Außerdem werden allerdings gewaltige Mengen klimarelevanter Gase wie Kohlendioxid und Methan produziert und an die Atmosphäre abgegeben.

---

[11] Diese Thermo- oder Kryokarstlandschaften, in denen nach Abholzung oder Waldbrand sogenannte Alasse mit Ausdehnungen von Hunderten Metern bis zu Kilometern Durchmesser und Depressionen von etlichen Metern auftreten, nehmen zum Beispiel in Zentraljakutien bis zu 40 % der Fläche ein. Es wird nicht ausgeschlossen, dass in Einzelfällen auch Methanhydrat-Eruptionen für besonders tiefe „Krater" verantwortlich sind (s. Wei-Haas, 2020).

Abb. 2.6 Eisreicher Permafrost im Bereich der mittleren Kolyma, Ostsibirien. (Quelle: Jörg F. Venzke, Juli 1990)

Abb. 2.7 Permafrost ist dynamisch! Eine sich erweiternde Frostspalte im Untergrund hat eine Lärche über Jahre hinweg zerrissen, und sie lebt noch! (Mittlere Kolyma, Ostsibirien). (Quelle: Jörg F. Venzke, Juli 1990)

Abb. 2.8 Thermokarstsenke, ein sogenannter Alas, bei Jakutsk, Zentraljakutien. (Quelle: Jörg F. Venzke, August 1992)

Geschichte der Erschließung und „Inwertsetzung" der Borealis

3

Es gab natürlich – wie in fast allen Regionen der Erde – auch in der Borealis eine indigene Bevölkerung, die bereits existierte, bevor ihre Ressourcen von und für Europa erforscht, erschlossen und „inwertgesetzt" wurden.

Nach dem Rückzug der letztglazialen Inlandvereisungen wurden die riesigen Räume des nordamerikanischen und asiatischen Nordens mit ihrem arktisch-subarktischen Milieu zunächst von paläolithischen Mammut- und Rentierjägern durchstreift und später nach der frühholozänen Bewaldung von mesolithischen Jäger-, Fischer- und Sammler-Gruppen mit kleineren Aktionsarealen und einem anderen Jagdbeutespektrum besiedelt und genutzt. Aus ihnen entwickelten sich Ethnien und Bevölkerungen, die in Sibirien zu den altaischen, uralischen und tschuktschischen und – nach der ‚Wanderung' über die im Hochglazial trocken gefallene Beringsee – in Nordamerika zu den athabaskischen und algonkischen Sprachfamilien gezählt werden. Relativ spät eingewanderte Gruppen waren in Nordeuropa die Sámi und in Jakutien die Jakuten. Von allen Ethnien wurde der Wolf und von einigen das Ren domestiziert. Die Bevölkerungszahl in voreuropäischer Zeit wird auf 240.000 in Sibirien und in Nordamerika auf 30.000 Menschen geschätzt[1], das bedeutet, dass rechnerisch nur eine Person auf 53 bzw. 250 km^2 zu finden war. Dies ist zwar eine vollkommen irrelevante Zahl, aber sie spiegelt die extrem geringe Bevölkerungsdichte wider, bevor Europäer in die Borealis vordrangen!

---

[1] Vorob'ëv & Gerloff (1988).

Siehe ausführlicher bei Venzke (2008, S. 66–99).

© Der/die Autor(en), exklusiv lizenziert an Springer-Verlag GmbH, DE, ein Teil von Springer Nature 2024
J. F. Venzke, *Die Borealis*, essentials,
https://doi.org/10.1007/978-3-662-68988-2_3

In diesen nahezu menschenleeren Raum stießen zwar schon im Mittelalter Wikinger und Hanseaten – ausschließlich an den Ränders des Nordatlantiks – vor, und es kam im **nordbaltisch-nordrussischen Gebiet** zu ersten Interessenskonflikten zwischen Schweden, Norwegen und Russland. Verstärkt wurden aber erst ab dem späten 16. Jahrhundert boreale Regionen durch europäische Akteure erkundet, erforscht und erschlossen:

1568 wurde die Kaufmannsfamilie der Stroganovs vom russischen Zaren mit Privilegien zur wirtschaftlichen Erschließung **Westsibiriens** ausgestattet; 1582 überschritt der Kosake Jermak Timofejewitsch in deren Diensten mit einer mit modernen Waffen ausgerüsteten Streitmacht den Ural und schickte bereits ein Jahr später Zobel- und Silberfuchspelze an den Zarenhof. Zwar waren die großen Ströme Sibiriens wichtige Transportwege. Doch sie verlaufen überwiegend von Süden nach Norden, sodass die Überwindung der Wasserscheiden zwischen den Flusssystemen auf dem Landweg eine besondere Herausforderung darstellte. Wichtige befestigte Handelsplätze, sogenannte Ostrogi, von denen aus Pelze von der indigenen Bevölkerung erworben oder erpresst wurden, entstanden jenseits des Jenissejs fast im Jahrestakt: Jenissejsk (1619), Bratsk (1631), Jakutsk (1632), Werchojansk (1636). Die russische Expansion gen Osten erreichte 1646 den Pazifik, Ochotsk wurde gegründet. Eine gewaltige Leistung! Sie gewann durch die Initiative von Zar Peter I. – des Großen – in den 20er- bis 40er-Jahren des 18. Jahrhunderts mit der wissenschaftlichen Erforschung der erkundeten Regionen eine neue Qualität. Auch die erste Erforschung von ‚Beringia' – dem nordostsibirischen und alaskischen Raum – durch Vitus Bering gehörte in diesen Kontext, die letztendlich zu einer russischen Kolonie in der nordamerikanischen Borealis führte ... bis die USA 1867 Alaska von Russland abkauften.

Die Erkundung der **kanadischen Borealis** erfolgte zunächst fast gleichzeitig. 1497 erreichten John Cabot Neufundland und Labrador sowie 1534/36 Jacques Cartier den St.-Lorenz-Strom. Von dort, wo die späteren Metropolen Québec (1608) und Montréal (1642) entstanden, drang 1613/14 Samuel de Champlain über den Ottawa River bis zum Huronensee nach Westen vor, und französische *Coureurs du bois* sowie jesuitische Mönche folgten als Pioniere über den Oberen See, wo 1684/85 der Handelsstützpunkt Fort Kaministiquia (im Stadtgebiet des heutigen Thunder Bay gelegen) begründet wurde. Auch hier war der Antrieb für die Anstrengungen der Pelzhandel – vornehmlich mit Biberfellen – mit seinen enormen Gewinnspannen. Innerhalb von gut einhundert Jahren erschlossen Kanurouten über den Lake of the Woods und den Winnipeg-See zu den zur Hudson Bay entwässernden Flusssytemen des Saskatchewan, Athabasca und Peace River sowie den zwischen ihnen liegenden wichtigen Portagen die nordwestlichen Weiten der kanadischen Borealis ... im Vergleich über einhundert Jahre später als in Sibirien! Fort Vermilion am Peace River (1788), Fort Chipewyan am Athabasca-See (1788) und Yellowknife am Große Sklavensee (1798) waren wichtige Meilensteine.

Der zunächst recht individuell betriebene Pelzhandel zwischen Franzosen und Indianern geriet recht bald durch die Gründung der britischen *Hudson's Bay Company* 1670, die von York Factory an der Mündung des Nelson River den Handel zu dominieren versuchte, unter Druck. Als Reaktion entstand 1783 die von Montréal aus operierende *Northwest Company*. Beide Handelsgesellschaften standen zueinander in Konkurrenz um Ressourcen, Räume und indigene Handelspartner und initiierten Expeditionen zur Erkundung von Handelswegen nach Norden und besonders in den Westen. Samuel Hearne erforschte von 1769 bis 1772 für die *HBC* weite Bereiche der heutigen kanadischen Nordwest-Territorien. Und Alexander Mackenzie durchquerte 1792/93 als erster Europäer den nordamerikanischen Kontinent und erreichte den Pazifik auf dem Landweg. 1821 wurden beide Gesellschaften vom britischen Kolonialminister zur Fusion gezwungen.

Die Erschließung des borealen **Alaska** war geprägt von der Tatsache, dass es am weitesten von den europäischen Märkten und politischen Entscheidungszentren entfernt liegt. Die russische Kolonisierung in der Folge der Beringschen Expedition (s. o.) war küstenorientiert, nicht zuletzt wegen der nur dort vorkommenden Seeotter als wichtigstem Handelsobjekt. Doch die Distanz nach St. Petersburg war über 10.000 km weit und auf dem Landweg mit oft dreijährigen Transportzeiten kaum noch rentabel zu bewältigen. Außerdem geriet die *Russisch-Amerikanische Kompagnie* Ende des 18. und Anfang des 19. Jahrhunderts in Konkurrenz mit britischen und spanischen Akteuren im Nordpazifik. Das Problem der überdehnten Handelswege hatte die *Hudson's Bay Company*, deren Expansion – vom Nordwesten Kanadas kommend – mit der Gründung von Fort Yukon 1847 Zentralalaska erreichte, allerdings ebenfalls.

Der Antrieb war bei beiden europäischen, primär ökonomisch motivierten Vorstößen in die Borealis der gleiche: Pelze! In Sibirien waren es Zobel, in Kanada Biber und in Alaska Seeotter! Die wertvollen Winterfelle waren in Europa und Amerika höchst begehrt. Das eurogene und eurozentrierte Erschließungs- und Handelsschema zur Gewinnmaximierung zwischen ‚billigem' Rohprodukt bis zum ‚teuren, wertvollen' Verkaufsartikel war hier wie dort das gleiche und ‚klassisch' kolonial:

Einzelne Pioniere, oft gesellschaftliche ‚Aussteiger', erkundeten den Naturraum und stellten den ersten Kontakt zur indigenen Bevölkerung her. Hierdurch und auch später ergaben sich oft diskriminierte ethnische Mischbevölkerungsgruppen, so in Kanada die Métis! Und es wurden Infektionskrankheiten wie

Pocken oder Masern eingeschleppt mit katastrophalen Folgen für die Urbe-
völkerung. Private Handelsgesellschaften bauten mit staatlicher finanzieller und
militärischer Unterstützung die Infrastruktur und die Handelswege zur Ausbeu-
tung der Rohstoffe unter weitgehender Missachtung der Rechte der Indigenen
auf.

Doch der Pelz-Boom brach wegen der massiven Über-Ausbeutung der Pelz-
tiere nach einigen Jahrzehnten zusammen: Um 1820 gab es nur noch östlich
des Winnipeg-Sees im Nordwesten der heutigen Provinz Ontario relativ kleine
Gebiete mit ‚ökonomisch nutzbaren' Beständen von Bibern[2], und Seeotter waren
um 1830 bis auf kleine Populationen im Südosten Alaskas extrem reduziert.
Ob zudem steigende Preise der knapp werdenden Luxusprodukte oder eine sich
ändernde Geschmacksorientierung der europäischen Modewelt – oder beides –
Ursache für den Zusammenbruch des Pelzhandels waren, sei dahingestellt.

Ende des 19. Jahrhunderts zeichneten sich aber neue Entwicklungen ab:

Funde von gediegenem Gold und Erzen lösten Boom-Phasen mit lokal
begrenzter, fast explosionsartig ansteigender, wie beim Pelz-Boom überwiegend
männlicher Bevölkerung aus. Im Glücksfall mit hohen Gewinnen für Individuen,
später Prospektionsgesellschaften, meist jedoch Enttäuschungen sowie guten Pro-
fiten für Handels- und Versorgungsunternehmen und alles oft ohne staatliche
Kontrolle[3]. Dies war in der Regel jedoch nur von geringer Dauer; nur einige
Siedlungen konnten sich weiterentwickeln und wurden nicht nach wenigen Jahren der Prospektion zu *Ghost Towns*. Die kanadisch-alaskischen *Gold rushes* von
Klondike (1896), Nome (1899) und Fairbanks (1902) sind für diese Prozesse
die bekanntesten. Einige Jahrzehnte später erlangte die sowjetische Goldpro-
spektion durch die GULAG-Kriegs- und Strafgefangenenlager im ostsibirischen
Kolyma-Gebiet von 1938 bis 1987 eine menschenverachtende Dimension.

Befördert wurde die weitere Erschließung der Borealis durch die Fortschritte
der industriell-technischen Revolution des 18. und 19. Jahrhunderts, nämlich
durch den Einsatz des fossilen Energieträgers Kohle: Dampfschiffe erreichten
von Europa die nordsibirischen Flussmündungen und flussaufwärts Orte an Ob
und Jenissej tief im Landesinneren. Auch auf dem Yukon in Zentralalaska ope-
rierten Raddampfer. Und zumindest der Süden der Borealis wurde Endes des 19.
Jahrhunderts durch die gründerzeitlichen Eisenbahnlinien der nordschwedischen
Mellanriksbana (1885), der *Canadian Pacific Railroad* (1885) und der Transsibirischen Eisenbahn (ab 1891) an die Zentren der Wertschöpfung angeschlossen;

---

[2] Harris (1987, plate 63).

[3] Originäre Schilderungen dazu sind durch Jack London in die Weltliteratur eingegangen.

sie dienten aber auch als Leitlinien der Agrarkolonisation. Der Bau der *Trans-Sib* erfolgte allerdings weniger aus Gründen der ökonomischen Erschließung des sibirischen Raumes als vielmehr aus militär-strategischen Gründen in Zeiten der russischen Konfrontation mit Japan.

In agrarökologisch günstigen Gebieten der Borealis entstanden Enklaven landwirtschaftlicher Erschließung, so beispielsweise am Peace River in Nordalberta ab 1889 (besonders nach Eisenbahnanschluss ab 1916) mit Gerste- und Weizenanbau und im alaskischen Matanuska Valley mit milchwirtschaftlicher Orientierung in den 1930er-Jahren. Nach dem Zweiten Weltkrieg fand in Nordfinnland eine intensiv betriebene Agrarkolonisation zur Schaffung neuen Siedlungsraumes für die von der Sowjetunion vertriebene Bevölkerung aus Ostkarelien statt.

Erst spät – in den 1940er-Jahren – wurden Autostraßenverbindungen zwischen dem Süden und Norden durch die Borealis gebaut, zum Beispiel 1942 – ebenfalls aus militär-strategischen Gründen – der *Alaska Highway* von Dawson Creek in British Columbia bis Delta Junction in Zentralalaska. Auch hier war der Anlass eine japanische Bedrohung im pazifischen Raum.

Die heutige demographische Situation der Borealis ist nach wie vor durch extrem niedrige Bevölkerungsdichten von 0,1 bis 0,3 Einwohnern/km^2 bei der Konzentration auf weit voneinander entfernt gelegenen ‚zentralen Orten' gekennzeichnet. Alaskisch-kanadische Städte sind dabei deutlich kleiner als nordeuropäische und russisch-sibirische: In Fairbanks und Yellowknife leben etwa 33.000 bzw. 20.000, in Kiruna 23.000, Rovaniemi 65.000 und Umeå 90.000 Menschen. In russisch-sibirischen borealen Regionen kommen deutlich größere städtische Siedlungen vor, beispielsweise Irkutsk (560.000 E.), Archangelsk (350.000 E.), Surgut (310.000 E.), Petrosavodsk (270.000 E.), Jakutsk (270.000 E.) oder Syktywkar (250.000 E.)[4]. Am Südrand der kanadischen Borealis befinden sich einige Metropolen mit Bevölkerungen von 0,8 bis 3 Mio. Menschen: Edmonton, Winnipeg, Toronto, Montréal und Québec. Und auch die nordeuropäischen Großstädte wie Oslo, Stockholm, Helsinki und St. Petersburg (fünf Millionen Einwohner) liegen im Übergangsbereich zwischen borealem und kühl-gemäßigtem Klima.

Insgesamt sind Angaben zur Bevölkerung in diesem Kontext allerdings schwierig zu ermitteln, da es sich um statistische Daten handelt, die innerhalb von Verwaltungseinheiten erhoben werden und sich nicht an naturgeographischen Abgrenzungen orientieren.

---

[4] Bevölkerungsangaben zu russischen Städten sind meist gut zehn Jahre alt!

Aktions- und Problemfelder der Gegenwart

4

Holz- und Forstwirtschaft

Es liegt in der Natur der mit etwa 20 Mio. km^2 flächengrößten Waldzone mit etwa einem Drittel des weltweiten Holzvorrates, dass nach der ‚Abschöpfung‘ der ‚Luxusartikel‘, nämlich der Pelze, der Griff nach der Ressource ‚Holz‘ eine große Bedeutung erlangte. 1998 betitelte die Umweltschutzorganisation *ROBIN WOOD* eine Publikation über die borealen Regionen mit „Holzmine für die Welt"[1] (siehe Abb. 4.1)!

Schon der Drang grönländischer Wikinger nach Neufundland – in boreale Waldländer – um 1000 n. Chr. war durch Hunger nach der Ressource Holz initiiert. Und die Entnahme von Holz als (Schiffs-)Baumaterial oder für den Bergbau spielten seit dem Mittelalter in Skandinavien eine Rolle im überregionalen Rohstoffhandel und waren für bäuerliche Betriebe in Norwegen und Schweden, deren Kapital in ausgedehnten Privatwäldern steckte, von großer Bedeutung. Lokal – beispielsweise um Røros in Ostnorwegen oder Falun in Mittelschweden – führte bereits im 17. Jahrhundert die Produktion von Holzkohle für die Erzverhüttung zur Degradation der dortigen Waldvegetation.

Zur Produktion von Schnittholz entstanden in Skandinavien durch Wasserkraft betriebene Sägewerke an den Flüssen und an den Flussmündungen Holzverladehäfen. Die Forstwirtschaft wurde im borealen Nordeuropa zum ‚Motor‘ des Transformationsprozesses von einer agraren zu einer Industriegesellschaft. Holzkonzerne erlangten in der Produktionskette vom Baumfällen bis zur Möbelproduktion ab Ende des 20. Jahrhunderts internationale Bedeutung.

---

[1] Fenner und Wood (1998).

© Der/die Autor(en), exklusiv lizenziert an Springer-Verlag GmbH, DE, ein Teil von Springer Nature 2024
J. F. Venzke, *Die Borealis*, essentials,
https://doi.org/10.1007/978-3-662-68988-2_4

Abb. 4.1 Geerntetes Holz für die Papierfabrik in Corner Brook, Neufundland. (Quelle: Jörg F. Venzke, September 1996)

Zunächst erfolgte die Holzgewinnung ganz überwiegend durch Kahlschlag in relativ gut erreichbaren Regionen, das heißt an Flüssen oder Seen, von wo aus das im Winter geschlagene Holz im Frühjahr zu den Papier- und Zellulosefabriken geflößt werden konnte. Auch heute wird noch in wenig kontrollierten Einschlagsgebieten das Holz auf diese Weise gewonnen, was bedeutet, dass die Flächen unbewirtschaftet der Bodenerosion und Bodenerwärmung, aber auch der Vegetationssekundärsukzession unterliegen.

Zum Teil wurden dafür die Wasserwege baulich verändert oder sogar Kanäle geschaffen. Der 1856 eröffnete, über 40 km lange und mit acht Schleusen versehene Saimaa-Kanal in Südostfinnland ist ein Beispiel dafür.

Volkswirtschaftlich zunehmend relevanter wird darüber hinaus – beginnend etwa ab dem Ende des 19. Jahrhunderts – die Nachfrage der europäischen und US-amerikanischen Druck- und später der Verpackungsindustrie nach Zellulose und Papier. Heute stammt über die Hälfte des Zeitungspapiers weltweit aus borealen Regionen. Die kanadische Papierindustrie beispielsweise – überwiegend im Südosten Québecs und in Südwestontario lokalisiert – liefert davon alleine etwa 30 % und ist mit etwa 80 % ihrer Produktion auf den US-amerikanischen Markt ausgerichtet.

Abb. 4.2 Holzernter im Einsatz auf Neufundland. (Quelle: Jörg F. Venzke, September 1996)

Dort wurden 2020 gut 1,3 Mrd. m³ Rundholz geerntet, in Schweden etwa 0,75 und in Finnland etwa 0,6 Mrd.[2] (siehe Abb. 4.2). Dabei birgt die Papierproduktion verschiedene Belastungen für die Umwelt: Es werden große Mengen an Wasser und Energie benötigt, und über lange Zeit hinweg wurde die Bleichung mit chlorhaltigen Substanzen betrieben, die zu massiven Belastungen der Gewässerökosysteme führte. Heute wird weitestgehend eine chlorfreie Bleichung betrieben.

Werden in Zeiten der zunehmenden Digitalisierung und dem Bestreben, natürliche Ressourcen zu schonen, Holzgewinnung und Umweltbelastungen zur Papierherstellung so bleiben dürfen?

In Nordeuropa wird seit über hundert Jahren eine überwiegend (ökonomisch) nachhaltige Forstwirtschaft betrieben, bei der die eingeschlagenen Flächen wieder aufgeforstet werden, um nach dem Erreichen des größten Holzvolumens nach Umtriebszeiten von einigen Zehnerjahren wieder abgeerntet werden können. Im 20. Jahrhundert betrug damit das Volumen des Holzzuwachses das des jährlichen Einschlages oder überwiegt es heute sogar. Das Resultat ist auf der einen

---

[2] FAO (2022).

Seite Gewinnmaximierung pro Fläche, auf der anderen Seite eine Forstlandschaft mit Altersklassenbeständen aus Kiefern- oder Fichtenmonokulturen – man könnte auch von Plantagen sprechen – und dem Ausschluss früher Sukzessionsstadien der Vegetationsentwicklung und Altbeständen mit viel Totholz. In beiden existiert allerdings die größte Biodiversität und damit der größte ökologische Wert in natürlichen borealen Wäldern. Über die Bewertung dieser Strategie wird zwischen der Forstindustrie und NGOs – wie nicht anders zu erwarten – gestritten.

Vor allem sind die oft mehrere hundert Jahre alten, ökologisch besonders wertvollen sogenannten *Old Growth Forests* betroffen, die sich gegen den Druck der Forstwirtschaft meist nur in sehr entlegenen oder geschützten Gebieten halten konnten. In Nordeuropa kamen (und kommen) sie im russisch-karelischen Grenzgebiet zu Finnland vor, das während des Kalten Krieges Sperrgebiet war. In der Zeit danach wurde von dort etliches Holz – oft gewonnen durch illegalen Einschlag – der finnischen Papierindustrie zugeführt. Dieser ,kleine Grenzverkehr' ist natürlich mit dem Krieg Russlands gegen die Ukraine und den daraus resultierenden westlichen Sanktionen zu einem Ende gekommen.

Seit etlichen Jahren gibt es Einrichtungen, die nachhaltige Forstwirtschaft zertifizieren und entsprechende Gütesiegel vergeben. Besonders bekannt und verbreitet ist das 1993 geschaffene *Forest Stewardship Council* (FSC), das anhand von zehn Prinzipien forstwirtschaftliche Betriebe und Produkte weltweit bewertet[3]. Auch in Russland wurden seit 2011 umfangreiche Zertifizierungen vorgenommen, weil westliche Abnehmer dies von russischen Holzprodukten forderten; über ein Drittel der russischen Forstbetriebe sind bzw. waren zertifiziert.

Seit 2022 hat sich auch im Holzhandel mit Russland vieles verändert. Infolge verhängter Sanktionen wurden auch für russisches Holz – auch für zertifiziertes – die Lieferketten zu großen Teilen des Weltmarktes, vor allem dem europäischen Markt, unterbunden. Dadurch sinkt die Notwendigkeit für Zertifizierungen. Große russische Unternehmen verzichten mittlerweile darauf und exportieren noch mehr als zuvor auf den chinesischen Markt, wo diese Qualitätsbescheinigungen keine Rolle spielen. Laut Daten der Weltbank hat China bereits 2019 Holz im Wert von 4,3 Mrd. US$ aus Russland bezogen – sicherlich ohne Berücksichtigung illegaler Einschläge und Transporte –, während sich die russischen Gesamtexporte in die EU-Länder auf 2,7 Mrd. US$ beliefen[4]. Chinas ,Holzhunger' und russische Devisenbeschaffung durch Liquidierung von Primärressourcen scheinen sich zu ergänzen mit möglichen fatalen Folgen für boreale Wälder im östlichen Sibirien.

---

[3] www.fsc-deutschland.de
[4] Kuwaldin (2022).

Ein Aspekt nordeuropäischer und nordamerikanischer Forstwirtschaft ist noch zu erwähnen: Verschiedene Firmen, die ihren Ursprung in einem kleinen, privaten forstwirtschaftlich orientierten Unternehmen hatten, haben sich in rund hundert Jahren durch die finanziellen Erträge der Forstwirtschaft und unternehmerische Weitsichtigkeit zu global agierenden Konzernen entwickelt, die modernste Forsttechnologie und Managementstrategien weltweit exportieren. Im borealen Norden generiertes *Know-how* findet mittlerweile in tropisch-subtropischen Wäldern des ‚globalen Südens' Anwendung!

Waldbrände und Insektenkalamitäten

Waldbrände gehören – wie bereits skizziert – zu den natürlichen Faktoren, die die Dynamik borealer Ökosysteme ganz wesentlich steuern, sie eventuell sogar erst ermöglichen. Natürlicherweise werden sie durch Blitzschlag verursacht und bei zunehmender sommerlicher Trockenheit und höheren Lufttemperaturen gesteigert.

Allerdings hatten schon vor drei Jahrzehnten die anthropogen induzierten Feuer enorm zugenommen und wurden auf 85 % aller Brände geschätzt[5]. Dabei ist zu bedenken, dass blitzschlaginduzierte Feuer im Prinzip überall, jedoch die vom Menschen verursachten eher in relativer Nähe zu Siedlungen oder Verkehrswegen vorkommen und deshalb auch schneller bekämpft werden können.

Im ostsibirischen Jakutien gab es in den letzten Jahren die ausgedehntesten Waldbrände aller Zeiten. Seit über zehn Jahren sind dort die mittleren Sommertemperaturen von 17 auf 19,5 °C gestiegen und die Sommerniederschläge von 90 auf 50 mm/Monat gesunken; der Feuerwetterindex[6] zur Abschätzung der Brandgefahr ist folglich rasant gestiegen[7].

Im Sommer 2023 musste in den kanadischen *Northwest Territories* aus der Hauptstadt Yellowknife wegen der akuten Feuerbedrohung die Bevölkerung von etwa 20.000 Menschen für einige Zeit evakuiert werden[8].

---

[5] Goldammer (1995).

[6] Der Feuerwetterindex wird in Kanada nach einem Brandgefährdungsmodell errechnet, das Temperatur, relative Luftfeuchtigkeit, Windgeschwindigkeit, Niederschlag, Dürrebedingungen, Verfügbarkeit von brennbarem Material, Vegetationsmerkmale und Topographie berücksichtigt.

[7] Glückler (2023).

[8] Austen (2023).

Die Belastung der Atmosphäre durch Rauch, Asche und Feinstaub stellt bei großen und lang andauernden Flächenbränden nicht nur die jeweilige Region eine große Gefährdung dar, sondern auch für die Gesundheit und Lebensqualität der Bevölkerung in größeren urbanen Räume an der südlichen Peripherie der Borealis. Die Metropole Moskau zum Beispiel ist seit Jahren immer wieder massiv betroffen. In Kanada war 2023 das Jahr mit den verheerendsten Waldbränden seit Beginn der Aufzeichnungen; von März bis Mitte August wurden etwa 5700 Feuer gezählt. Bereits Ende Juni brannte es auf 88.000 km^2 – der doppelten Fläche der Niederlande. 40 % davon waren außer Kontrolle. Ende Juni war Montréal wegen der Brände in der Provinz Québec zeitweilig die am stärksten durch Rauch belastete Stadt der Welt. Auch New York und der Nordosten der USA waren betroffen. Dünne Rauchfahnen erreichten über den Atlantik hinweg sogar Westeuropa. Romantisch erscheinende Sonnenuntergänge sollte man auch außerhalb der Borealis als Warnung wahrnehmen[9]!

Die natürliche Dynamik borealer Ökosysteme und die anthropogene Einflussnahme fordern geradezu die Frage nach der global-ökosystemaren Relevanz von Waldbränden in der Borealis heraus.

Für den Anstieg der Waldbrandhäufigkeit der letzten Jahrzehnte können zwei Gründe benannt werden, und beide sind anthropogen bedingt: Die steigende Atmosphärentemperatur bei gleichzeitig abnehmenden Niederschlägen im Sommer steigert die Vulnerabilität. Durch die zunehmenden wirtschaftlichen Aktivitäten nehmen aber auch die Ursachen für die Entzündungen von Feuern zu. Konkret:

- Durch das Verbrennen von lebender Vegetation und organischer Substanz in der mächtigen Rohhumusdecke werden enorme Mengen an Kohlendioxid freigesetzt, das bekannterweise den globalen Treibhauseffekt verstärkt. Kanadische Waldbrände trugen im Jahr 2023 mit etwa 480 Megatonnen CO_2 zu einem Viertel der weltweiten Waldbrand-Emissionen bei[10].
- Durch das schlagartige Vernichten der borealen Waldvegetation und ihrer Rohhumusdecke durch Feuer oder Kahlschlag verschwindet die Isolationsdecke des Dauerfrostbodens. Sommerliche Einstrahlung und Wetterlagen mit warmer Luft und ‚warmem‘ Regen bewirken die oberflächennahe Degradation des Permafrostes mit bekannten morphologischen Erscheinungen wie zum Beispiel

---

[9] Müller-Jung (2023).

[10] Siehe *Frankfurter Rundschau* vom 12. 12. 2023, mit Bezug auf den *Copernicus Atmosphere Monitoring Service* (CAMS) (http://atmosphere.copernisus.eu) der Europäischen Kommission.

Auftausenken, sogenannten Alassen, und Versumpfungen sowie in Siedlungen Gebäudeschäden (s. u.). Durch die Zersetzung der über Jahrtausende in der Bodengefrornis gespeicherten organischen Substanz wird nicht nur Kohlendioxid, sondern auch Methan freigesetzt. Beide Treibhausgase wirken in der Atmosphäre temperaturerhöhend. Dabei ist Methan, das zwar nur einen sehr geringen Anteil an der Luftzusammensetzung hat, jedoch eine 25fach höhere Klimarelevanz als CO_2 besitzt, höchst bedeutsam für die allgemeine Atmosphärenerwärmung. Einer von mehreren *Circuli vitiosi* wird ausgelöst! Unter der schützenden Decke der borealen Waldvegetation schlummern noch riesige Mengen fossiler Kohlenstoffverbindungen mit beträchtlichem CO_2- und CH_4-Potenzial für eine Atmosphärenerwärmung und stellen damit eine weitere Gefährdung des Weltklima dar!

Baumschädigende Insekten wie zum Beispiel Borkenkäfer oder die Raupen von Motten sowie holzzersetzende Destruenten gehören zwar ebenso wie Waldbrände in das System „natürlicher" borealer Ökosysteme, besonders der *Old Growth Forests,* wo ihr Massenauftreten sukzessionsauslösende Effekte verursachen kann. Meist sind jedoch einzeln stehende, besonders alte Bäume betroffen. Mit steigenden Temperaturen nimmt jedoch in alten Bestände die Präsenz von Schädlingen und damit die Feuerempfindlichkeit zu. Für die kanadische Borealis wurden bereits für das 20. Jahrhundert bis zu doppelt so große Holzverluste durch Insektenkalamitäten wie durch Waldbrand ermittelt[11]. Zwischen 1920 und 1995 sollen dort etwa 75 Mio. ha zerstört worden sein; ab 1970 mit steigender Tendenz. Meist sind die zunehmenden Insektenschädigungen durch den Umstand begründet, dass sich in den milder werdenden Wintern jährlich eine zweite Schädlingspopulation entwickelt, die bereits im folgenden Frühjahr den Assimilationsapparat der Pflanzen angreifen kann. Ein weiterer *Circulus vitiosus!*

---

[11] Volney und Fleming (2000).

Gewinnung mineralischer Rohstoffe und fossiler Energieträger

Aufgrund der Größe der Landschaftszone und der Vielfalt der in ihr vorkommenden geologischen Strukturen ist die Borealis äußerst reich an mineralischen Rohstoffen und fossilen Energieträgern. Ein Blick auf Wirtschaftskarten[12] schafft einen Überblick über wichtige Hotspots. Hier einige Beispiele mit besonderer Berücksichtigung von Umweltaspekten:

- Im Bergbaugebiet Kiruna im nordschwedischen Norrbotten werden im weltweit größten Eisenerzbergwerk jährlich etwa 26 Mio. t Roherz gefördert. Bis 2040 wird die ganze Stadt wegen der Ausweitung des Abbaus um fünf Kilometer verlagert werden. Kürzlich wurde hier die europaweit größte Lagerstätte von Seltenen Erden entdeckt, deren Abbau aber sicherlich noch zehn Jahre auf sich warten lassen wird.
- Auf der russischen Kola-Halbinsel werden bei Nikel und Montchegorsk Eisenerz, Nickel, Kupfer und Kobalt abgebaut, deren Vorräte sich jedoch allmählich erschöpfen. Bei der Aufbereitung der Erze wurden in den 1970er- und 1980er-Jahre massive Umweltschäden verursacht, sodass sogar von „technogenen Wüsten" gesprochen wurde[13] (siehe Abb. 4.3).
- Nördlich der Waldgrenze in Nordrussland und Westsibirien wird in der Permafrost-Tundra umfangreich Erdgas und Erdöl gefördert. Die Förderfelder liegen zwar überwiegend außerhalb der Borealis, jedoch wird sie von deren Pipelines nach Europa, in die Industrieregionen des Zentral-Urals und auch nach Zentralasien durchquert. Leckagen sind nicht ungewöhnlich. 1994 verursachte der Austritt von über 100.000 t Rohöl aus der gebrochenen Komi-Pipeline die seinerzeit weltweit größte Ölkatastrophe.
- Die Industrieregion Norilsk, deren Bedeutung vor allem auf der Gewinnung von Nickel beruht, gilt seit vielen Jahren als einer der am schlimmsten mit Luftschadstoffen belasteten Orte weltweit, die Nickelhütte als der größte Einzelluftverschmutzer der Erde. Im Jahr 2020 kam es zudem zum Austritt von 20.000 t Diesel aufgrund einer Leckage, die auf Permafrostdegradation zurückgeführt wird. In der Tat war das Frühjahr östlich des Ob-Busens etwa 8 K wärmer als in den Zeiten zuvor. Die Energieversorgung der Region stammt

---

[12] z. B. Diercke Weltatlas (2023, S. 180/181 und 228/229). Bei Venzke (2008) werden 20 wichtige Bergbauregionen in der Borealis identifiziert.

[13] Den Begriff hat Kryuchkov (1993) geprägt; s. auch Venzke (1996).

Abb. 4.3 „Technogene Wüste" bei Montchegorsk auf der Kola-Halbinsel, Nordrussland. (Quelle: Jörg F. Venzke, Juni 1993)

überwiegend aus dem Stauseekomplex der Chantaika westlich des Putorana-Gebirges. An der Unteren Tunguska ist wohl bei Turuchansk der Bau des dann weltweit größten Stausee geplant.

- In der Wirtschaftsregion am Oberlauf des Jenissej und der mittleren Angara, mit Krasnojarsk, Bratsk und Irkutsk in der mittelsibirischen Südborealis gelegen, werden Braun- und Steinkohle sowie Eisenerz abgebaut und in Schwerindustriekomplexen verarbeitet. Die Braunkohle- und die größten Wasserkraftwerke der Borealis an den aufgestauten Flüssen produzieren die dafür benötigte Energie (s. u.).
- Im östlichen Mittelsibirischen Bergland existieren mehrere Kimberlit-Schlote, aus denen Diamanten zunächst im Tagebau, dann im Tiefbau gefördert wurden bzw. werden. Bei Mirny gibt es eine bis zu 530 m tiefe Abbaugrube als Hinterlassenschaft.
- Im Osten Sibiriens finden sich die weltweit größten Goldvorkommen und werden in etwa 2000 Fördergebieten durch über hundert kleinere Minen abgebaut. Die größten sind *Olimpiada* und *Blagodatnoye* im Oblast Krasnojarsk mit etwa

1100 resp. 430 Tausend Unzen Feingold[14] im Jahr 2022; in der Mine *Natalka* im Oblast Magadan wurden 2022 500 Tausend Unzen gefördert. Bei *Sukhoi Log* im Norden der Region Irkutsk werden die Reserven auf 64 Mio. Unzen geschätzt[15].

- Das bedeutendste Erdölfeld der USA befindet sich in Nordalaska bei Prudhoe Bay auf dem arktischen *North Slope* – also außerhalb der Borealis. Allerdings verläuft die Transalaska-Pipeline über viele Hundert Kilometer durch das boreale Zentralalaska mit den zonenspezifischen Bauproblemen, die der Permafrost darstellt, zusätzlich zu einem nicht unbedeutendem Erdbebenrisiko (siehe Abb. 4.4). Die Erschließung eines weiteren Fördergebietes an der alaskischen Arktisküste – das *Willow*-Projekt – ist nach kontroversen Diskussionen im März 2023 genehmigt worden. Von den nordkanadischen Erdgasfeldern bei Inuvik und Erdölfelder bei Norman Wells führen ebenfalls Fern-Pipelines durch boreales Milieu in die Industrieregionen von Edmonton und Calgary.

- Nordöstlich von Yellowknife am Großen Sklavensee wurde bis 2004 Goldbergbau und in der Folge bis 2015 Diamantenabbau betrieben. Die Umweltschäden durch arsenhaltige Schlämme waren und sind immens[16]. Es wird wegen der steigenden Goldpreise eine Wiedereröffnung der *Giant Mine* erwogen.

- Im südborealen Nordalberta werden um den Ort Fort McMurray die dortigen Athabasca-Ölsande im Tagebauverfahren bis zu Tiefen von 75 m abgebaut oder darunter mit In-situ-Verfahren per heißem Wasserdampf erschlossen. Das Verfahren ist energieaufwendig und wenig nachhaltig[17]. Hier befindet sich auf etwa 4800 km^2 ein Drittel der weltweiten Ölsandvorkommen.

- Die Eisenerzvorkommen der zentralen Labradorhalbinsel sind nahezu erschöpft, und die Orte der Förderung Schefferville und Labrador City, Anfang der 1960er-Jahre gegründet, erlebten mit dem Schließen der Bergwerke seit den 1980er-Jahre das Schicksal zahlloser Bergbau-*Ghost Cities*.

Zwar sind das Vorkommen von mineralischen Rohstoffen und fossilen Energieträgern keine landschaftszonentypischen Phänomen, allerdings können verschiedene

---

[14] Eine Unze Feingold sind etwa 31,1 Gramm.

[15] Daten des größten russischen Goldproduzenten *Polyus Gold* (https://polyus.com/en/operat ions; Januar 2024).

[16] Steinecke (2000).

[17] Der Dokumentarfilm „Dark Eden. Der Albtraum vom Erdöl" von Jasmin Herold und Michael Beamish (2018) beschäftigt sich mit dem „größten Umweltverbrechen unserer Zeit" und wurde mit dem Grimme-Preis 2020 ausgezeichnet.

Abb. 4.4 Alaska-Pipeline mit Konstruktionen, die den Wärmefluss in den Permafrostuntergrund durch Aufständerung minimieren und Wärmeabgabe an die Atmosphäre durch Radiatoren optimieren sollen. (Quelle: Jörg F. Venzke, September 1988)

Strukturen und Prozesse bei der Erschließung, Gewinnung und Verarbeitung als charakteristisch für die Borealis herausgestellt werden:

- Da ist die oft schwierige Erreichbarkeit der Förderregionen über große Distanzen hinweg zu nennen. Die Lösung der Transportprobleme in der Erschließungs- und Förderphase, die Versorgung der Bevölkerung und die Aufrechterhaltung der kommunalen Infrastruktur stellen große Herausforderungen dar. Stellenweise sind sehr periphere Orte nur durch die Luft oder auf Winterstraßen über vereiste Flüsse und Seen erreichbar.
- Es müssen große Energiemengen zum Betrieb der Bergwerke und der Aufbereitungsanlagen bereitgestellt werden. Somit gehen bergbautechnische Erschließungen Hang in Hand mit dem Bau von Wasserkraftwerken (s. u.).
- Ein besonderes Problem stellt in vielen borealen Regionen der Permafrost dar – zwar auch beim Bau und Betrieb der Bergwerke, vor allem jedoch bei der oberirdischen Infrastruktur. So werden die Pipelines, in denen das Erdöl zur Reduktion der Viskosität erwärmt fließt, nicht nur aufgeständert,

sondern auch mit Radiatoren zur Ableitung von Wärme von den Fundamenten versehen (siehe Abb. 4.4).

• Bei der Förderung und Aufarbeitung von Erzen und dem Transport von Erdöl und Erdgas kommt es immer wieder zu Emissionen und Abwässern sowie Leckagen von größeren Dimensionen. Dabei ziehen die Belastungen für die borealen Ökosysteme wegen deren besonderen Vulnerabilität massive und lang anhaltende Schädigungen nach sich: Schwefeldioxid-Emissionen in Form von ‚Saurem Regen' haben wegen der geringen Pufferkapazität saurer borealer Böden katastrophale Wirkung auf die Vegetation und die Boden- und Gewässerlebewelt. Hinzu kommen meist hohe Feinstaubniederschläge, sodass in der weiten Umgebung entsprechender Orte (s. o.) die Natur weitestgehend vernichtet und die Gesundheit und Lebensqualität der Menschen sehr stark beeinträchtigt ist. Die Regeneration derart verwüsteter Landschaften dauert wegen der klimatischen Verhältnisse sehr viel länger als in wärmeren Ökozonen der Erde. Das gilt auch im Fall von Erdölaustritten durch Pipeline-Leckagen, denn ihr Abbau durch natürliche mikrobielle Prozesse ist durch die im Jahr lang andauernden niedrigen Temperaturen deutlich retardiert. Giftige Lösungsmittel, die zum Beispiel bei der Goldextraktion zum Einsatz kamen und kommen, stellen eine zusätzliche Umweltgefährdung dar[18].

Jedoch: Bergbau- und Industrieregionen in der Borealis sind nicht nur Emittenten von Schadstoffen; boreale Landschaften waren und sind auch Räume, in denen Immissionen aus südlicher gelegenen Quellen wirksam wurden und werden. In den 1960er- und 1970er-Jahren wurden Schädigungen von Wald- und Gewässer-Ökosystemen durch ‚Sauren Regen' in Schweden[19] wie auch in Ostkanada relativ früh festgestellt. Und im Sommer 1986 wurde nach der AKW-Katastrophe von Tschernobyl Cäsium-137-Fallout von bis zu 60.000 Bq in mittelschwedischen und südostfinnischen borealen Wälder registriert[20].

Darüber hinaus ist ein besonderes Problem für die Umweltsituation in der Borealis wohl ein eher mentales: Die objektiv großen Distanzen und riesigen Flächen, der scheinbare ‚Überfluss' an Ressourcen und die sehr geringe Dichte der Bevölkerung mit überwiegend konsumorientierten Lebensansprüchen führt zu einer subjektiven Überschätzung der landschaftsökologischen Raumpotenziale und Tragfähigkeit. Geochemisch devastierte Landschaften, ein immenser

---

[18] Steinecke (2000).

[19] Lindemann und Soyez (1985).

[20] Beach (1990).

‚Flächenfraß' durch Tagebaue und Stauseeanlagen (s. u.) und nur kurzfris-
tig genutzte Siedlungen sind die Folgen. Die Grenzen des Möglichen werden
regional überstrapaziert[21].

Gewinnung von Hydroenergie

Dienten bis zur Mitte des 20. Jahrhunderts die Flüsse der Borealis im Wesentlichen dem Fischfang, als Verkehrswege oder wurde ihre Strömung zum Antrieb
von Wassermühlen und Sägewerken, gegebenenfalls zur Gewinnung von elek-
trischer Energie für einzelne Höfe oder Betriebe genutzt, erfolgte ab den
1960er-Jahren der Ausbau großflächiger Stauseen mit dazugehörenden Wasserkraftwerken zur überregional bedeutsamen Stromproduktion für die Rohstoff-
gewinnung und -verarbeitung sowie die Versorgung der Bevölkerungs- und
Wirtschaftszentren an der südlichen Peripherie der borealen Landschaftszone[22].
Bei der Inwertsetzung der Rohstoffpotenziale Sibiriens spielten Kraftwerke eine
entscheidende Rolle in der Sowjetideologie gemäß Lenins Parole: *Kommunismus
ist Sowjetmacht plus Elektrifizierung des gesamten Landes!*
     Denn das hydroenergetische Potenzial der Borealis ist beträchtlich. An den
Mündungen der größten sibirischen Flusssysteme Ob/Irtysch, Jenissej/Angara
und Lena fließen Wassermassen im Jahresmittel von etwa 12.500, 20.000
resp. 16.000 m^3/s in den Arktischen Ozean ab. Und auch das Athabasca-Peace-
Mackenzie River in den kanadischen *Northwest Territories* führt im Mittel etwa
10.000 m^3/s ab.
     Das besondere Problem der Gewinnung von Hydroenergie in borealen Regio-
nen ist allerdings die große Saisonalität des Abflusses mit Spitzen während der
frühjährlichen Schneeschmelze und dem Fastversiegen in den Wintermonaten,
sodass ausreichend große Speicher gebaut werden müssen, damit – unter der winterlichen Eisdecke – genügend Wasser für die Kraftwerke zur Verfügung steht,
wenn in dieser Jahreszeit gleichzeitig die Stromnachfrage besonders ansteigt. In
Regionen mit verhältnismäßig geringen Reliefunterschieden wie auf dem Kanadischen oder Fennoskandischen Schild müssen sehr viel größere Flächen überstaut
werden, um ein ökonomisch sinnvolles Wasservolumen bereitzuhalten, als bei
Stauseen in engeren und tieferen Tälern. Dies wird deutlich beim Vergleich von

---

[21] Der offizielle „Wahlspruch" auf den Autonummernschildern in Alaska lautet „The Last
Frontier".

[22] Im Folgenden wird sich an Venzke (2008, S. 132-137) orientiert.

zwei Großstauseeanlagen in Kanada und Sibirien: Das *Smallwood Reservoir* in Labrador ist mit etwa 5700 km^2 der flächenmäßig größte Stausee der Borealis[23] und beinhaltet bei einer mittleren Wassertiefe von nur fünf Metern ein maximales Stauvolumen von etwa 28.500 Mio. m^3; hier wird eine Leistung von etwa 5400 MW generiert. Der Bratsker Stausee, der die Angara in Mittelsibirien in einem relativ schmalen Tal über 30 m aufstaut, weist zwar etwa die gleiche Fläche auf, jedoch ein etwa sechsfaches Wasservolumen. Das Stauvolumen des Komplexes aus dem Bratsker und Ust-Ilimsker Stausee gehört mit etwa 238.000 Mio. m^2 zu den größten der Welt! Hier werden etwa 8300 MW Leistung produziert. Zu der Jenissej-Angara-Region gehört auch noch der Krasnojarsker Stausee, der den Jenissej auf über 380 km mit einer Fläche von etwa 2100 km^2 aufstaut und der Gewinnung einer Leistung von etwa 6000 MW dient.

Im kanadischen *Projet de la Baie James*[24] werden im Einzugsgebiet des Grande Rivière in der Provinz Québec durch einen Verbund von acht Stauseen insgesamt etwa 12.900 km^2 überstaut; umfangreiche Flussumleitungen waren notwendig. Acht Speicher- und drei Laufwasserkraftwerke produzieren hier zusammen eine Leistung von etwa 17.500 MW.

Hier sind nur einige „Mega"-Stauseen genannt, die nicht nur in der Borealis riesige Flächen bedecken, sondern auch zu den größten weltweit gehören. Darüber hinaus gibt es fast zahllose kleinere Anlagen zur Wasserkraftnutzung. So waren beispielsweise bereits nach dem Zweiten Weltkrieg nahezu alle schwedischen Flüsse für die Gewinnung von Hydroelektrizität umgestaltet; der Luleälv in Norrbotten ist mit 14 Kraftwerken der am stärksten ausgebaute Fluss. Das hier gelegene Kraftwerk *Stora Hårspranget,* Schwedens größtes, produziert etwa 980 MW – dies zum Vergleich.

Für die in der Borealis gewonnene Hydroenergie ergeben sich verschiedene Probleme, die in der Natur des Raumes liegen:

- Auf die große Saisonalität des Wasseranfalls ist bereits hingewiesen worden.
- Die Orte der Produktion von Elektrizität, also Stauseen und Kraftwerke, liegen oft sehr weit von den Orten des Bedarfs an Strom entfernt, besonders wenn er zur südlichen Peripherie fließt. So betragen beispielsweise die Luftliniendistanzen zwischen den Kraftwerken im Zentrum der Provinz Québec und den Metropolen am St. Lorenz-Strom sowie zwischen dem schwedischen Norrbotten und Stockholm etwa 1000 km; allerdings ist das Leitungsnetz

---

[23] Das entspricht etwa dem Zehnfachen des Bodensees.

[24] Oder *James-Bay-Project*; hier wird wegen der Lage in der überwiegend französischsprachigen Provinz die französische Bezeichnung vorgezogen.

beträchtlich größer. Geringer ist die Entfernung zwischen dem Stausee-System *Ust-Chantaika* im nördlichen Sibirien zur Industrieregion Norilsk, nämlich nur etwa 200 km. Es gibt nicht unbeträchtliche Leistungsverluste bei Langstreckentransporten, besondere bautechnische Herausforderungen bei der Überwindung von sehr breiten Flüssen und natürlich ein hohes Maß an Vulnerabilität der Hochspannungsleitungen durch winterliche Witterungseinflüsse.

- Beim Überstauen von Gebieten ‚ertrinkt' boreale Waldvegetation, die oft vorher nicht abgeräumt worden ist. Der Abbau der toten organischen Substanz verbraucht im Wasser gelösten Sauerstoff, sodass es zu anaeroben Verhältnissen kommen kann, die tierisches Leben, besonders am Boden der Stauseen, nicht mehr zulassen.

- Die Wasserkörper der großen Stauseen verursachen ein besonderes Mikroklima in ihrer Gegend. Die im Sommer aufgenommene Strahlungsenergie wird wegen des Schutzes der winterlichen Eisdecke nicht an die Atmosphäre abgegeben und bewirkt eine Erhöhung der Temperaturen des umgebenden Permafrostes und gegebenenfalls sein Auftauen. Dieses lokale bzw. regionale Phänomen tritt zusätzlich zur Permafrostdegradation durch die globale Atmosphärenerwärmung auf. Thermoerosion in den Uferbereichen ist die Folge. Es kann sogar dazu kommen, dass sich wie über dem Krasnojarsker Stausee keine geschlossene oder nicht mehr befahrbare Eisdecke bildet. Von den recht großen offenen Wasserflächen verdunstet mehr Wasser als aus den benachbarten waldbedeckten Flächen und erhöht die Luftfeuchtigkeit in der Region.

- Boreale Gebiete sind zwar äußerst dünn besiedelt, dennoch existiert eine indigene oder seit der eurogenen Besiedlungen alteingesessene Bevölkerung, besonders an Flüssen und Seen. Durch die relativ schnelle Überflutung ihrer alten Lebens- und Aktionsräume werden sie zu Umsiedlungsmaßnahmen gezwungen, die verständlicherweise soziale Härten mit sich bringen. Nur gelegentlich führen umfangreiche Protestaktionen zur Aufgabe von Erschließungsprojekten wie beispielsweise beim *La-Grande-Rivière-de-la-Baleine*-Projekt in der kanadischen Provinz Québec[25] (s. u.).

---

[25] Vom Konflikt zwischen ‚moderner' Erschließung und traditionellen Interessen beim Bau des Bratsker Stausee in Sibirien in den 1950er-Jahren erzählt der berühmt gewordene Roman ‚*Abschied von Matjora*' des russischen Schriftstellers Valentin Rasputin (1976) sowie dessen Verfilmung (1983).

Aspekte nördlicher Landwirtschaft

Landwirtschaftliche Nutzungen spielen in der borealen Landschaftszone keine nennenswerte Rolle; sie sind allenfalls von regionaler Bedeutung. Sie sollen hier dennoch zur Kennzeichnung der Probleme der Inwertsetzung der Borealis kurz skizziert werden.

Boreale Landwirtschaft findet immer an der agronomischen Nordgrenze statt und ist weniger von der Winterkälte als vielmehr der Länge und Intensität der Vegetationsperiode bestimmt. Die wenigen agrar genutzten Gebiete weisen klimatisch und bodenökologisch relativ günstige Verhältnisse auf und liegen als gerodete Enklaven im umgebenden Waldland.

In Alaska machen beispielsweise die etwa 3400 km^2 landwirtschaftlich genutzten Flächen nur etwa 0,2 % der gesamten Landesfläche aus, wobei der allergrößte Teil im Matanuska Valley im Übergangsbereich zwischen borealem und gemäßigtem Küstenklima liegt. Davon entfallen etwa 85 % auf Grünland, das vor allem zur Gewinnung von Winterfutter für die Milchwirtschaft genutzt wird, und nur etwa 15 % für Ackerland auf insgesamt etwa 990 Höfe[26]. Im borealen Nordeuropa mit viel längerer bäuerlicher Tradition liegt die Anzahl der Höfe wesentlich höher. Hier wurden landwirtschaftliche Nutzflächen nicht nur durch Waldrodung, sondern auch durch die Trockenlegung von Mooren geschaffen. Allerdings werden auch hier wie in Alaska und im südlichen Québec immer mehr landwirtschaftliche Betriebe aufgegeben, wenige hingegen vergrößern oder spezialisieren sich beispielsweise auf Gewächshauskulturen.

Neben der klimatischen Ungunst spielt natürlich die Entfernung zu größeren Märkten eine bedeutende Rolle für die Wirtschaftlichkeit der Betriebe, sodass die allermeisten auf die lokalen oder regionalen Märkte ausgerichtet sind.

Die Peace River Region ist das nördlichste Landwirtschaftsgebiet Kanadas und befindet sich im nordöstlichen British Columbia und nordwestlichen Alberta – *„Canadas last agricultural frontier"*[27]. Der nördlichste Ort Fort Vermilion liegt bei etwa 58,5°N und damit etwas südlicher als Finnland (!), wo das gesamte Getreide des Landes nördlich des 60. Breitenkreises produziert wird. In der Peace River Region werden von gut 14.000 km^2 – etwa 2 % der kanadischen landwirtschaftlichen Nutzfläche und wegen des Nährstoffmangels der Böden gut gedüngt – etwa 4 bis 6 % der kanadischen Produktion an Raps, Weizen,

---

[26] Berechnet nach Alaska Data and Statistics (https://farmlandinfo.org/statistics/alaska-statistics/).

[27] Bowen (2002).

Gerste und Hafer beigesteuert. Aber auch hier werden Betriebe aufgeben, und die verbleibenden müssen sich vergrößern. Eine Haupteinnahmequelle der landwirtschaftlichen Betriebe bleibt die Bewirtschaftung der Waldflächen, die zum Besitz gehören; „Wood pays the bill"[28]!

Charakteristische Strukturen nördlicher Siedlungen

Siedlungen in der Borealis, seien es extrem peripher gelegene, einsame Trapperhütten, Dörfer mit forst- oder landwirtschaftlicher Ökonomie, Bergbau- und Industrieorte oder Städte mit einer größerflächigen und höheren Bebauung sowie einer gewissen Zentralität, unterliegen alle folgenden zonentypischen ,Herausforderungen': große Winterkälte und lange Schneebedeckung, Winterdunkelheit, Permafrost und sommerliche Waldbrandgefährdung. Sie zeigen demzufolge besondere bauliche Strukturen und Strategien bei der städtebaulichen Planung.

- Beheizung und gute Isolation von Gebäuden bei den winterlichen Temperaturen verstehen sich eigentlich von selbst, sind jedoch nicht immer gegeben. Mangelnde Isolation geht einher mit verstärkter Heizung, was durch den Wärmeverlust an die städtische Atmosphäre einen winterlichen Wärmeinsel-Effekt verursacht. Es bleibt am Boden allerdings dennoch so kalt, dass sich vor allem in Tal- und Kessellagen oft viele Wochen andauernde Inversionswetterlagen ausbilden, wegen der Luftschadstoffe aus Heizung, Verkehr und Industrie nicht abgeführt werden können, sich anreichern und die Lebensqualität und Gesundheit der Bevölkerung extrem belasten. In Permafrostgebieten oberirdisch verlegte Versorgungs-, besonders Wasserleitungen müssen effektiv isoliert und gegebenenfalls sogar beheizt werden.
- Die über sechs Monate dauernde winterliche Dunkelheit bzw. Dämmerung können gesundheitliche Probleme wie saisonale Depressionen oder Winterschlaflosigkeit zur Folge haben, sodass der Schaffung von gut beleuchteten Straßen und Plätzen sowie hellen Kommunikationsräumen in den Gebäuden große Bedeutung zukommt.

---

[28] Ebd.

Letztendlich zielen moderne Architektur und Stadtplanung in diesen sogenannten ‚Winterstädten'[29] auf eine Emanzipation von winterlichen Witterungseffekten.
Diese gewünschte Klimaunabhängigkeit lässt sich für nordamerikanischen und
nordeuropäische Städte wie folgt durch eine fiktive, jedoch nicht ganz unrealisti-
sche Situation vom Leben in einer borealen Winterstadt kolportieren[30]:

*Schneegestöber über einer borealen Suburbia. Außentemperatur −25 °C. Klirrender
Frost. Aus dem warmen Schlafzimmer des Einfamilienhauses ins Bad. Kaffee, gesun-
des Fruchtmüsli. Dann in die Garage, wo das Auto per Zeitschaltuhr vorgewärmt
wartet. Etwa 40 Kilometer zur Arbeit in die Metropole. Dort in die Tiefgarage und
per Fahrstuhl ins klimatisierte Büro. Innentemperatur +23 °C, kurzärmeliges Hemd.
Mittags Lunch in einer Plaza. Man geht durch Skywalks zwischen den Hochhäusern.
Aus der Glasröhre nimmt man beiläufig das Schneetreiben wahr. Abends Shoppen
in einer unterirdischen Mall, wo jegliche Versorgungsmöglichkeiten und Dienstleis-
tungen angeboten werden. Noch ein After-Work-Cocktail. Der SUV bringt einen mit
all seinen technischen Raffinessen sicher zum angenehm temperierten Fitness-Center,
wo das Auto zwar draußen, jedoch an eine öffentlich zugängliche elektrische Motor-
heizung angeschlossen werden kann. Und danach zum gemütlich-warmen häuslichen
Elektro-Kamin.*

*Doch was ist, wenn unterwegs das Auto kaputt geht, ein Blizzard die Straße unpassier-
bar macht, im Haus der Strom und die Heizung ausfällt, die Wasserleitung einfriert
und die Versorgung mit Brot, Butter, Käse, frischem Obst, Steak, Gemüse und Wein
nicht funktioniert?*

Es ist natürlich vollkommen klar, dass ein derartiger Lifestyle ein hohes Maß an
technologischem Aufwand und Energieeinsatz erfordert, der nur in hochprodukti-
ven Volkswirtschaften erreicht werden kann, allerdings meist auch eine schlechte
CO_2-Bilanz aufweist.

• Die wohl größte bautechnische Herausforderung in borealen Siedlungen stellt
  der Dauerfrostboden dar. Bereits die Rodung von Siedlungsflächen und erst
  recht ihre Asphaltierung erhöht die sommerliche Energieaufnahme und die
  Permafrostdegradation, die auch nicht durch die größere Ausstrahlung im
  Winter kompensiert wird. Die Bebauung mit beheizten, nach unten nicht

---

[29] In den 1980er-Jahren wurden in den nördlichen USA, Kanada und Japan das Konzept der
‚Winterstädte' entwickelt, das die klimatischen Auswirkungen auf die städtische Bevölke-
rung bewertet und als Grundlage für eine vorsorgende Stadtplanung bereitstellen will (vgl.
Hahn, 1994).

[30] Es folgt ein nicht wissenschaftlicher Textteil des Verfassers (kursiv gekennzeichnet), der
jedoch nach seiner Auffassung die Entkoppelung der heutigen Lebensrealität in Winterstädten von borealer Natur eindrücklich skizziert.

Abb. 4.5 Haus in Jakutsk, das wegen mangelnder Isolation durch Wärmeabgabe den Permafrost antaut und im Active Layer versinkt. (Quelle: Jörg F. Venzke, Juli 2003)

isolierten Gebäuden verstärkt punkthaft den Auftauprozess, sodass entsprechende Häuser nach relativ kurzer Lebensdauer in den Untergrund absacken und unbewohnbar werden (siehe Abb. 4.5).

Heute werden alle Gebäude, die auf Permafrost stehen, aufgeständert. Tief im nicht von der Erwärmung betroffenen Dauerfrostboden gegründete Holz- oder Betonpfeiler tragen selbst zehn Stockwerke hohe Hochhäuser, zum Beispiel in Jakutsk. Unter der Bodenplatte kann ein bis zwei Meter über dem Untergrund Luft zirkulieren und so den Wärmetransfer weitestgehend unterbinden. Zudem beschatten die Gebäude die Bodenoberfläche.

So konnten in Jakutsk sommerliche Mächtigkeiten der Auftauschicht von einem halben Meter unter intakter Lärchenwald-Vegetation mit Rohhumusdecke, über drei Meter unter versiegelten städtischen Oberflächen und nur ein bis anderthalb Metern unter aufgeständerten Gebäuden festgestellt werden[31].

Ein oft wenig bedachtes Umweltproblem ist darüber hinaus der Umstand, dass es Schwierigkeit bei der Abwasserabführung und -klärung geben kann, sodass

---

[31] Langer (2006).

zum Beispiel nach der Schneeschmelze der Eintrag von streusalzhaltigen Straßen-
abwässern im *Active Layer* aggressiv gegenüber den Betonständern wirkt und
die Gebäudeaufständerungen gefährdet sowie die frühsommerliche hygienische
Situation in den Siedlungen verschlechtert werden kann[32].

- Ein ebenfalls kaum bedachtes Risiko borealer, besonders ländlicher Siedlungen
  ist die Gefährdung durch sommerliche Waldbrände – wie die Waldbrandsai-
  son 2023 in Kanada gezeigt hat (s. o.). Dabei entstehen die meisten, jedoch
  kleineren Waldbrände durch menschliche Aktivitäten und relativ siedlungs-
  nah. Die Gebäude sind meistens aus Holz gebaut, leicht brennbar und werden
  schnell ein Opfer der Flammen. Bei der Planung von neuen Siedlungen oder
  Siedlungserweiterungen sind deshalb große Häuserabstände, prophylaktische
  Feuerschneisen in den siedlungsnahen Wäldern oder Forsten und in mehrere
  Richtungen führende Fluchtwege zu berücksichtigen.

Nationalparks als Refugien einer heilen Welt?

Der Gedanke des Schutzes von Natur und Landschaften als Erbe für die nachkom-
menden Generationen in Form von Nationalparks ist zwar nicht in der Borealis
entstanden[33], allerdings schon 1909 in Nord- und Mittelschweden konkret umge-
setzt worden: *Abisko, Pieljekaise, Sarek, Stora Sjöfallet, Sånfjället* und *Hamra*. In
Alaska und Kanada folgten u. a. die „borealen" Nationalparks *Denali, Wood Buffalo, Prince Albert* und *Riding Mountains* zehn bis 20 Jahre später. Auch im noch
zaristischen Russland begann 1916 mit dem *Barguzin* Zapovednik östlich des
Baikalsees die systematische Anlage von sogenannten Totalschutzreservaten in
allen Naturräumen des Russischen Reiches. Das kanadische Nationalparkwesen
orientiert sich an der repräsentativen Berücksichtigung aller borealer Subzonen
und -regionen[34].

Waren die Einrichtung von Nationalparks im Hohen Norden der Borealis mit
weitgehend natürlichem Charakter wegen der dortigen äußerst geringen Bevölkerungsdichte vergleichsweise einfach und die Parkflächen sehr groß, geriet dieser
Prozess im Süden in Konkurrenz mit bereits vorhandenen Nutzungen. Die größten

---

[32] Makarov & Venzke (2000).

[33] 1872 wurde in den USA der *Yellowstone National Park* als erster Nationalpark weltweit
eingerichtet.

[34] Eine Übersicht über alle Nationalparks in der Borealis findet sich bei Venzke (2008, S.
152/153). Siehe auch https://parks.canada.ca/pn-np/plan (aufgerufen am 14. 1. 2024).

nordeuropäischen Nationalparks weisen Flächen von 1000 bis 4000 km² auf, sind aber zum Teil grenzübergreifend miteinander verbunden. Die nordamerikanischen sind dagegen wesentlich größer; zum Beispiel: *Denali* NP (20.000 km²), *Nahanni* NP Reserve (30.500 km²), *Wood Buffalo* NP (45.000 km², größter kanadische Nationalpark, UNESCO-Weltnaturerbe, weltgrößtes Lichtschutzgebiet) oder *Thaidene-Nëné* NP (14.000 km², seit 2019 jüngster kanadischer Nationalpark)[35].

Die Philosophie des Nationalparkmanagements ist es, die allergrößten Bereiche der Schutzgebiete von jeglicher Nutzung auszuschließen und allenfalls wissenschaftliche Forschungen zuzulassen, ein deutlich kleineres Gebiet nur von wenigen Personen kontrolliert betreten zu lassen und ein noch kleineres Areal für touristische Nutzung zu öffnen, um dadurch unter anderem auch einem natur- und umweltkundlichen Bildungsauftrag nachzukommen. In wenigen Fällen wie beispielsweise im bereits erwähnten *Thaidene-Nëné* NP in den kanadischen *Northwest Territories* wird der Nationalpark durch die indigene Bevölkerung genutzt und mitverwaltet.

Die besonderen Herausforderungen für die Nationalparks als Orte des uneingeschränkten Schutzes von ursprünglicher Natur liegen vor allem in folgenden drei Bereichen:

Zum einen gibt es zunehmend Flächen- und Nutzungsansprüche von außen sowie Konflikte mit benachbarten Agrar-, Siedlungs- und Bergbaugebieten. Der *Wood Buffalo* Nationalpark in Nordostalberta zum Beispiel liegt in unmittelbarer Nähe zu den großflächigen Ölsandtageabbaustätten um Fort McMurray. Zum anderen sind die „offenen" Ökosysteme der Nationalparks natürlich nicht gefeit vor externen Beeinflussungen: vor atmosphärenbürtigen Schadstoffeinträgen und den Effekten des Klimawandels, vor sich hineinfressenden Waldbränden sowie dem Einwandern von Neobiota. Vor allem in sibirischen Schutzgebieten kommt es zudem immer wieder zu Wilderei und illegalem Holzeinschlag.

Also: Ja, Nationalparks sind und bleiben Refugien, Bewahrer ursprünglicher borealer Natur, aber auch ihrer Dynamik: Große Waldflächen können brennen, denn Waldbrand ist ein wesentliches Element borealer Ökosysteme. Und die Biodiversität ändert sich im Laufe der Zeit bei Veränderungen der globalen Rahmenbedingungen, zum Beispiel dem Wandel des Klimas.

---

[35] Ebd.

Indigene Menschen, „First Nations"

In den borealen Regionen Nordamerikas, Nordeuropas und Russlands leben etwa 550.000 Angehörige indigener Völker. Zum Teil haben sie in etwa hundert Jahren den Transformationsprozess von mesolithischen Jäger- und Sammler-Gesellschaften zu den sozioökonomischen Strukturen einer globalisierten Industrie- und postindustriellen Informationsgesellschaft durchlebt. Aufgrund unterschiedlicher Rechtsverständnisse – Indigene kannten zum Beispiel kein individuelles Recht auf Landeigentum, das man erwerben, veräußern oder dessen Rendite man abschöpfen könnte – und politischer Machtverhältnisse waren sie meist die Verlierer bei Erschließungsprozessen.

Als beispielhaft kann die Situation der Lubicon Cree in Nordalberta gesehen werden, denen die kanadische Regierung bereits 1939 besondere ‚Ureinwohner'-Rechte mit ursprünglicher Landnutzung zugestanden hatte. Nach dem Fund von Erdöl und Erdgas fand dann allerdings trotzdem ab 1979 die Erschließung mit 1700 Förderanlagen und Pipelines statt, sodass die naturbezogenen Lebensgrundlagen der indigenen Bevölkerung verschwanden; die Abhängigkeit von staatlicher Unterstützung stieg von 10 auf 90 %[36]!

Man kann die heutige Bevölkerungszahl der indigenen Völker eigentlich nur schätzen, was nicht zuletzt oft an den vagen Definitionen von „indigen" in den amtlichen Statistiken liegt. Für die athapaskisch sprechenden Dene bzw. Chipewyan in Alaska und im Nordwesten Kanadas werden heute etwa 27.000 und für die Cree der Algonkin-Sprachfamilie in Ostkanada 200.000 Menschen angenommen. Im fennoskandischen Siedlungs- und Kulturraum der Sámi werden etwa 70.000 Menschen dieser ethnischen Minderheit zugerechnet. In Russland, besonders in Sibirien, leben nach einer Volkszählung aus dem Jahr 2010 etwa 270.000 Angehörige indigener Völker; Nenzen, Ewenken, Chanten und Ewenen sind dabei die größten Gruppen[37]. Sie machen in den jeweiligen Nationalstaaten nur einen verschwindend kleinen Anteil an der Bevölkerung aus; man kann sich den daraus resultierenden politischen Einfluss vorstellen.

Heute bestehen nach wie vor etliche Konflikte zwischen traditionellen Lebensweisen und überregionalen wirtschaftlichen Interessen national und international agierender Konzerne. Zudem kommen die Abwanderung indigener Bevölkerung in die Städte des ‚Südens' und die Assimilation in ‚moderne' Lebenswelten.

---

[36] Barry und Kalman (2005), siehe auch Venzke (2008, S. 155).
[37] Rohr (2014).

Somit besteht die Gefahr, dass indigenes Wissen über nachhaltige Nutzung natürlicher Ressourcen, das sich über viele Jahrhunderte und Generationen durch Erfahrung entwickelt und tradiert hat, und indigene Sprachen verloren gehen.

In diesem Zusammenhang ist bemerkenswert, dass in Kanada seit Mitte der 1970er-Jahre in einem interkulturellen Diskurs zur Problemlösung weitgehende vertragliche Vereinbarungen über sogenannte *Aboriginal Rights* erreicht werden konnten, die Entschädigungszahlungen und Landnutzungsrechte, den Aufbau von Selbstverwaltungsstrukturen und Förderung traditioneller Wirtschaftsweisen regeln. Daraus hat sich ein System des Ko-Managements von Ressourcen entwickelt, das die Entscheidungskompetenz der indigenen Bevölkerung einbezieht[38].

Die Situation indigener Völker in der russischen Borealis, wo im 20. Jahrhundert durch massive Sowjetisierung und Kollektivierung die soziokulturelle Integrität sowie die Verwirklichung von Rechtsansprüchen schwer geschädigt worden waren[39], ist nach wie vor unbefriedigend, besonders in Gebieten, in denen Landnutzungsansprüche massiv auf die geplante Ressourcenerschließung stoßen. Zwar gibt es seit 1990 die Nichtregierungsorganisation RAIPON, die die Verwirklichung von Landrechten der indigenen Bevölkerung fordert, der allerdings eine große Regierungsnähe und Abhängigkeit von der Erdöl-Lobby nachgesagt wird[40].

Als wichtigste Institution der multilateralen Zusammenarbeit zum Interessenausgleich zwischen den Staaten des Hohen Nordens und den Interessenvertretungen der dort lebenden indigenen Völkern dient der 1996 ins Leben gerufene Arktische Rat mit Sitz in Tromsø[41]. Ihm gehören acht Mitgliedsstaaten an. Das zentrale Anliegen des Rates ist die Beschäftigung mit sozialen und ökonomischen Problemen sowie der kulturellen Entwicklung in der Arktis und Subarktis[42]. So initiierte der Arktische Rat 2001 zum Beispiel ein Netzwerk von 71 Universitäten und Instituten im Nordpolargebiet zur Förderung von Bildung und Forschung im Hohen Norden[43].

---

[38] Dörrenbacher (2006), dort auch weitere Informationen zu indigenem Ressourcen-Ko-Management; siehe auch Venzke (2008, S. 156).

[39] Rathgeber (2006).

[40] RAIPON = *Russian Association of the Indigenous Peoples of the North.* Siehe Rohr (2011).

[41] https://arctic-council.org (aufgerufen am 15. 01. 2023); siehe auch Deutsches Arktisbüro (2021).

[42] Es ist zu bedenken, dass im englischen Sprachgebrauch die Borealis oft mit „*Subarctic*" benannt wird. Somit ist die Beschäftigung mit der Waldbrandproblematik im Arktischen Rat verständlich.

[43] https://www.uarctic.org (aufgerufen am 15. 01. 2024).

Nach dem russischen Angriffskrieg auf die Ukraine haben die anderen Mitgliedsstaaten Dänemark, Finnland, Island, Kanada, Norwegen, Schweden und USA weitere Treffen mit Russland im Rat ausgesetzt und wollen gemeinsame Projekte nur noch ohne russische Beteiligung betreiben.

Quo vadis, Borealis   5

Was wird die Zukunft der Borealis bringen? Welche Rolle wird die Borealis für den Planeten Erde spielen (siehe Abb. 5.1)?

Dass die vom Menschen verursachte Erwärmung der Atmosphäre rapide zugenommen hat, ist mittlerweile eine unumstrittene Erkenntnis. Und dass sich die nördlichen Regionen noch schneller erwärmen als die gesamte Erde im Mittel, ebenfalls. Ob das politische Ziel des Pariser Klimaabkommens von 2015, vor allem durch Reduktion der globalen CO_2-Emissionen die Erderwärmung auf 2,0 K, besser auf 1,5 K gegenüber dem Wert aus vorindustrieller Zeit zu begrenzen, erreicht werden kann, wird mittlerweile stark angezweifelt. Die „Rekordjahre" 2022 mit + 1,2 K und 2023 mit + 1,48 K weisen eindeutig in diese Richtung.

Die feststellbaren und noch zu erwartenden Temperaturerhöhungen werden vermutlich für die Borealis – neben noch gar nicht vorstellbaren – folgende Konsequenzen haben:

- Die nördliche Grenze der borealen Wälder wird sich bis Ende des 21. Jahrhunderts um bis zu 500 km nach Norden, zum Teil bis an die Küsten des Arktischen Ozeans, verschieben – zuungunsten der Tundra, die um ein bis

Während bislang Fakten über die Borealis zusammengetragen und dargestellt worden sind, sind die folgenden Anmerkungen zur Zukunft dieses globalen Ökosystems – obwohl auf den Kenntnissen der Prozesse der beobachteten Vergangenheit basierend – eher spekulativ. Wie es jegliche Beschäftigung mit der Zukunft ist! Ich habe den Begriff „Quo vadis, Borealis" erstmalig 2001 und dann noch einige Male benutzt (Venzke & Steinecke [2001], Venzke [2008] und Venzke [2022]).

© Der/die Autor(en), exklusiv lizenziert an Springer-Verlag GmbH, DE, ein Teil   49
von Springer Nature 2024
J. F. Venzke, *Die Borealis*, essentials,
https://doi.org/10.1007/978-3-662-68988-2_5

Abb. 5.1 Quo vadis Borealis? Wohin führen die Schneeschuhspuren? (Nordschweden). (Quelle: Jörg F. Venzke, März 1986)

zwei Drittel ihrer Fläche schrumpfen wird. Übrigens klettert die obere Wald-grenze in den Gebirgen der Borealis seit Jahrzehnten auch nach oben[1]. Auf der anderen Seite – im wörtlichen Sinne – verliert die Borealis an ihrer Südgrenze Gebiete an die gemäßigten Wald- und kontinentalen Steppenregionen, sodass ihre Fläche insgesamt um etwa 25 % abnehmen wird. Die Vegetationsperiode wird sich – je nach Klimamodell[2] – um 25 bis 41 Tage verlängern[3].

Ob daraus allerdings eine höhere Produktivität der Waldvegetation resultiert, hängt auch von anderen Faktoren als nur der steigenden Temperatur wie der geringeren Sonneneinstrahlung in höheren Breitengraden oder einer besseren

---

[1] Cyffka und Zierdt (2005).

[2] Es werden die Szenarien RCP *(Representative Concentration Pathways)* 2.6, 4.5, 6.0 und 8.5, die von Erhöhungen des CO_2-Anteils bis 2100 von 400 bis 1200 ppm ausgehen und einen „Strahlungsantrieb" (Veränderung der Strahlungs- bzw. Energiebilanz) von 2,6, 4,5, 6,0 bzw. 8,5 W/m^2 zur Folge haben, benutzt (5. IPCC-Sachstandsbericht; https://www.de-ipcc.de/270.php).

[3] United Nations (2023).

„Düngung" durch einen höheren CO_2-Gehalt der Luft ab. Werden boreale Wälder und Moore also in Zukunft zu einer globalen Quelle für Kohlendioxid und Methan oder zu einer Senke? *Pusher* oder *Damper*? Ließe man sie „in Ruhe", könnten sie vielleicht die Rolle eines biologischen CO_2-Speichers erhalten und auch die Methan-Emission reduzieren. Weniger in der lebenden Biomasse, die nur in ihrer Aufbauphase CO_2 speichert und es nach einer gewissen Zeit beim Absterben wieder abgibt, vielmehr jedoch in der konservierten, toten organischen Substanz in Humus und Torf, diese mit viel längeren Abbauraten, aus dem Kreislauf heraushält. Die kurzfristigen Nutzungsansprüche der Gesellschaften werden das jedoch vermutlich verhindern (s. u.).

Natürlich wird durch Waldbrände und Insektenkalamitäten viel CO_2 freigesetzt, dies aber mittelfristig durch mehr CO_2-Bindung in der Sukzessionsvegetation wieder kompensiert, sodass sich ‚Quelle' und ‚Speicher' theoretisch ausgleichen. Allerdings wird die Vulnerabilität des borealen Ökosystems gegenüber diesen Stressfaktoren durch längere, wärmere und trockene Sommer sowie mildere Winter zunehmen und somit wohl eher global relevante negative CO_2-Bilanzen befördern.

Auch andere Aspekte sind in ihrer Wirkung schwer abzuschätzen: Bei weitergehender Erwärmung der Arktis kommt es zu vermehrter Auflösung des oberflächennahen Permafrosts und zu einer verstärkten Vernässung der Thermokarstlandschaften und Seenbildung. Wird das Einwandern borealer Koniferen- oder Birkenwaldvegetation (s. o.) in eine auftauende, versumpfende Tundralandschaft überhaupt möglich sein? Oder ist deren Invasion so schnell, dass die Waldvegetation eine isolierende Rohhumusschicht aufbauen und die Permafrostdegradation gebremst werden kann? Und welche Bedeutung hat dann der Umstand, dass die Abnahme schneebedeckter Tundra auch eine Abnahme der Albedo besonders im Spätwinter und im Frühjahr zur Folge hat?

- Mit der zukünftigen Nordwanderung der borealen Landschaftszone und den Veränderungen im System der abiotischen Ökofaktoren wird sich auch die Biodiversität verändern. Invasive Arten aus südlicheren Regionen werden das floristische und faunistische Bild der borealen Waldvegetation mit prägen und neu gestalten. Das ist *per se* nicht ungewöhnlich, weder ‚gut' oder ‚schlecht'. Jedoch kann das recht schnelle Einwandern (oder Einführen) von ökosystemfremden Arten zu massiven Veränderungen im etablierten, vernetzten Gefüge von abiotischen und biotischen Faktoren führen. Wenn zum Beispiel im borealen Milieu invasive, Koniferen schädigende Insekten die üblichen Kalamitäten verstärken, Wälder in wenigen Jahren vernichten, andere Sukzessionen auslösen und bekannte Nutzungen sowie wichtige ökosystemare Funktionen zunichtemachen. Oder wenn über Jahrzehnte, eventuell über Jahrhunderte ausgebildete Jäger-Beute-Gefüge und -Zyklen oder die jahreszeitlichen Wander-Rhythmen von migrierenden Tieren ins Wanken geraten.

Neben diesen natürlichen Gründen werden ebenso die vom global agierenden Menschen indirekt verursachten Einflüsse wie auch die direkten anthropogenen Eingriffen (s. u.) in das Ökosystem Borealis zunehmen.

Die Erschließung der Ressourcen des Nordens wird weiter voranschreiten, die globalen und nationalen Verlockungen sind zu groß und werden bleiben. Vielleicht – wenn zukunftsorientiert gedacht und entschieden wird – mit umweltschonenderen Methoden! Doch es bleibt zu befürchten, dass sich Landfraß, Landschaftsdegradationen und Emissionen in hohem Maße erhalten. Boreale Regionen werden ‚quasi-koloniale' Ergänzungsräume der Nationalstaaten bleiben.

Die Gewissheit, dass der Arktische Ozean in absehbarer Zeit eisfrei und damit ein wichtiger Seeschifffahrtsweg werden wird, ist für die Entwicklung besonders des borealen Sibiriens von großer Bedeutung[4].

Aber auch die permafrostfreien südborealen Regionen werden einen massiven Nutzungswandel erfahren: weniger Holzwirtschaft, mehr Landwirtschaft, vermutlich mit *Farming*- und *Ranching*-Formen, die auf großen Betriebseinheiten und hohem Technologieeinsatz basieren und auf die Bevölkerungszentren des Südens orientiert sind.

Es wird die Erschließung von weiteren Energiequellen weiterhin sehr wichtig bleiben. Regenerative Möglichkeiten der Energiegewinnung scheiden weitestgehend aus: Sonnenenergie steht nur sehr mäßig und zeitlich auch nur sehr eingeschränkt zur Verfügung, Energiegewinnung aus Biomasse fällt gänzlich aus, und die Nutzung von Windenergie wird bestenfalls, zum Beispiel in nordskandinavischen Kommunen, experimentell betrieben. Aber der boreale Süden und die sich südlich anschließenden bevölkerungsreichen und ökonomisch wichtigen Räume lechzen nach ‚unproblematischem' Strom aus dem Norden.

Also Wasserkraft! Das Potenzial ist da. Es wären allerdings gewaltige Baumaßnahmen mit schwer absehbaren ökologischen und sozialen Folgen erforderlich. Doch könnte der Widerstand durch die Bevölkerung und aus ökonomischen Gründen zunehmen. So scheint zum Beispiel der Bau des seit Jahren geplanten, weltweit wohl größten Stausees und Wasserkraftwerks an der Unteren Tunguska im nördlichen Mittelsibirien ins Stocken geraten zu sein.

---

[4] Langer et al. (2011).

Die Zukunft der Borealis entscheidet sich nicht in den nördlichen Regionen selbst bzw. durch die dort lebenden Menschen. Die Interessen der Staaten und Gesellschaften, die im wärmer werdenden, kalten Norden ihren Hunger nach Rohstoffen – zumindest zum Teil – zu stillen und Profite zu erzielen hoffen, wird das entscheidende Element der zukünftigen Entwicklung des Nordens bleiben[5]. Somit liegt die Verantwortung bei den globalen ökonomischen Machtzentren des ‚Westens' und ihren Zivilgesellschaften, jedoch auch im Zentrum des autokratisch regierten russischen Staates, der gegenwärtig durch den von ihm initiierten Angriffskriegs gegen die Ukraine unter politischen und ökonomischen Druck gerät und in dem Gedanken an die Nachhaltigkeit hinter imperialen Ambitionen zurückstehen, sowie beim ressourcenraffenden China, das u. a. das russische Sibirien als wichtigen Ergänzungsraum ansieht.

Die Entwicklung der geopolitischen Situation und der internationalen Kooperation oder Konfrontation wird auch auf die Borealis große Bedeutung haben.

Als Regulativ stehen dagegen neben dem starken Engagement der betroffenen indigenen Völker regional oder weltweit agierende NGOs[6], die ihre Unterstützung überwiegend aus der gebildeten, wohlhabenden, sich betroffen zeigenden und politischen Einfluss nehmenden, überwiegend urbanen Bevölkerung des – aus borealer Sicht – Südens, beispielsweise aus New York und Kalifornien sowie Europa, beziehen.

Grundlage derartiger politischer Denk- und Handlungsweisen sollten immer sowohl ethische Paradigmen wie ‚Bewahrung der Schöpfung', somit Sicherung der ökologischen und kulturellen Vielfalt des Lebens als auch pragmatische Vorstellungen zum globalen Klima-, Ressourcen- und Menschenschutz sein.

Zum Abschluss hier utopische Worte, die schon vor 55 Jahren geschrieben wurden, jedoch ihre Weisheit behalten haben[7]:

Als unvorstellbar gilt, der Mensch könne sich aus freiem Entschluß zurückziehen. Grenzen sind dazu da, überschritten zu werden: dies gilt als Lehrsatz und als Schicksal, am unerbittlichsten bei denen, die von Freiheit sprechen; den furchtbaren Widerspruch zu ihr, der in einem Zwang zum Überschreiten steckt, bemerken sie nicht. Freiheit wäre da, wo wir an einer Grenze sagten: es ist genug. Es reicht uns.

---

[5] Weeden (1992).

[6] NGO = Non-Governmental Organisation, d. h. Nicht-Regierungsorganisation, die sich ohne staatliche Unterstützung und Abhängigkeit für soziale und ökologische Belange einsetzt.

[7] Andersch (1969).

Also noch viele Fragezeichen! Aber das liegt in der Natur von Spekulation. Klar ist nur, dass durch die globalen und regionalen Aktivitäten des Menschen auch die Borealis in den kommenden Jahrzehnten massive Veränderungen erfahren wird in ihrer inneren Struktur und ihrer Bedeutung für ‚unseren Planeten Erde'.

Was Sie aus diesem *essential* mitnehmen können

- Sie lernen eine verhältnismäßig unbekannte große Landschaftszone der Erde besser kennen und verstehen.
- Sie bekommen einen Einblick in die Geschichte der Erschließungen.
- Sie erkennen die besonderen Probleme der Ressourcennutzungen und Gefährdungen durch den Klimawandel.
- Sie werden angeregt, über die möglichen Entwicklungen in den Regionen und Auswirkungen für den ganzen Planeten nachzudenken.

Literatur

Andersch, A. (1969). *Hohe Breitengrade oder Nachrichten von der Grenze* (S. 205). Diogenes.

Arctic Climate Impact Assessment. (Hrsg.). (2004). *Impacts of a warming Arctic*. Cambridge University Press (Deutsch: Convent Verlag und Alfred-Wegener-Institut für Polar- und Meeresforschung [Hrsg.] [2005]: Der Arktis-Klima-Report. Die Auswirkungen der Erwärmung. - - Hamburg und Bremerhaven, S. 140).

Austen, I. (6. September 2023). After 3 weeks of Wildfire Exile, a city of 20.000 returns. *New York Times*. https://www.nytimes.com/2023/09/06/world/canada/wildfire-yellow knife-evacuation-return.html

Barry, J., & Kalman, J. (2005). *Our land, our life. indigenous people's land rights* (S. 5). Taiga Rescue Network Factsheets.

Beach, H. (1990). Perceptions of risk, dilemmas of policy: Nuclear fallout in Swedish Lapland. *Social Science & Medicine, 30*(6), 729–738. engagingvulnerability.se

Bowen, D. (2002). Agricultural expansion in Northern Alberta. *The Geographical Review, 92*(4), 503–525.

Cyffka, B., & Zierdt, M. (2005). Die nördliche Verbreitungsgrenze der Fichte in Finnisch-Lappland – anthropogen oder natürlich? – NORDEN. Beiträge zur geographischen Nordeuropaforschung 17, Bremen, S. 29–35.

Deutsches Arktisbüro am Alfred-Wegener-Institut, & Sámiráðði (Hrsg.). (2021). *Arktische indigene Völker*. Potsdam & Karasjok. https://www.arctic-office.de/fileadmin/user_ upload/www.arctic-office.de/PDF_uploads/Arctic_Indigenous_Peoples_deutsch.pdf

Dörrenbacher, H. P. (2006). Natur und Ressource in Kanada. Mehr Umweltgerechtigkeit und selbstbestimmte Entwicklung indigener Völker. In R. Glaser & K. Kremb (Hrsg.), *Planet Erde: Nord- und Südamerika* (S. 50–62). Wissenschaftliche Buchgesellschaft.

FAO. (2022). *FAO yearbook for forest products 2020*. FAO.

Fenner, R., & Wood, R. (Hrsg.). (1998). *Taiga. Die borealen Wälder – Holzmine für die Welt. – Ökozid 14, Jahrbuch für Ökologie und indigene Völker* (S. 213). focus.

Flitner, M., Soyez, D., & Venzke, J.-F. (2011). Konflikte um die tropischen und borealen Wälder. Die borealen Waldländer. In H. Gebhardt, R. Glaser, U. Radtke, & P. Reuber (Hrsg.), *Geographie. Physische Geographie und Humangeographie* (2. Aufl., S. 1259–1266). Spektrum/Elsevier.

Frankfurter Rundschau. (12. Januar 2023). *Fast ein Viertel globaler Waldbrand-Emissionen aus Kanada*. FR.

Goldammer, J. G. (1995). Vegetationsbrände: Auswirkungen auf Ökosysteme, Atmosphäre und Klima. *Die Erde, 126*(1), 35–51.

Glückler, R. (2023). Holozäne Waldbrände und Vegetationsdynamik in Zentraljakutien, Sibirien. Eine Rekonstruktion anhand von Seesedimenten. *Geographische Rundschau, 65*(11), 10–13.

Hahn, B. (1994).Lebenswerte Winterstädte. Städte im Hohen Norden entwickeln eine neue Identität. *Geographische Rundschau, 46*(2), S. 111–115.

Hannah, L., Roehrdanz, P. R., Krishna Bahadur, K. C., Fraser, E. D., Donatti, C. I., Saenz, L., Wright, T. M., Hijmans, R. J., Mulligan, M., Berg, A., & van Soesbergen, A. (2020). The environmental consequences of climate-driven agricultural frontiers. *PLoS One, 15*(2), E0228305. https://doi.org/10.1371/journal.pone.0228305

Harris, R. C. (Hrsg.). (1987). *Historical Atlas of Canada. 1. From the beginning to 1800* (S. 198). University of Toronto Press.

Kryuchkov, V. V. (1993). Extreme anthropogenic loads and the northern ecosystem condition. *Ecological Applications, 3*(4), 622–630.

Kulwaldin, S. (16. August 2022). Der russische Wald im Nebel des Krieges (Klimapolitik in Russland, Teil 6). *Klimareporter.* www.klimareporter.de/international/der-russische-wald-im-nebel-des-krieges

Langer, M. (2006). Klimaänderungenim Schlafenden Land. Ein Unterrichtsvorschlag zu den Auswirkungen der Erderwärmung auf die Infrastruktur Sibiriens. *Geographie heute, 241/242*, 47–53.

Langer, M., Schwantz, S., Steinecke, K., & Venzke, J.-F. (2011). Perspektiven der arktischen Seefahrt in der Zukunft. In J. L. Lozán et al. (Hrsg.), *Warnsignale Ozeane. Wissenschaftliche Fakten* (S. 294–299). Wissenschaftliche Auswertungen, Parey.

Lindemann, R., & Soyez, D. (1985). Binnengewässer und Waldland. Bedrohte Ressourcen der slandinavischen Halbinsel. *Geographische Rundschau, 37*(10), 504–511.

Ljungquist, F. C., Krusic, P. J., Brattström, G., & Sundqvist, H. S. (2012). Northern Hemisphere temperature patterns in the last 12 centuries. *Climate of the Past, 8*, 227–249.

Makarov, V., & Venzke, J.-F. (2000). Umweltbelastung und Permafrost in Jakutsk (Sibirien). *Geographische Rundschau, 52*(12), 21–26.

Müller-Jung, J. (24. August 2023). *Das Klimamonster nährt sich an Kanadas Wäldern.* Frankfurter Allgemeine Zeitung.

Rathgeber, T. (2006). Indigene in Sibirien. Der schwierige Weg zu Selbstorganisation und Selbstbestimmung. *pogrom. bedrohte völker, 235*(37/1), 12–13.

Rohr, J. (2011). Anpassung und Selbstbehauptung. Die indigenen Völker in Russlands Norden. *Osteuropa, 61/2–3*, 387–416.

Rohr, J. (2014). Indigenous Peoples in the Russian Federation. In International Work Group for Indigenous Affairs (Hrsg.), *IWGIA Report* (Bd. 19). Selbstverlag der IWGIA, Copenhagen.

Schultz, J. (2000). *Handbuch der Ökozonen* (S. 577). Eugen Ulmer.

Steinecke, K. (2000). Bergbau in der Kanadischen Borealis. Wirtschaftliche Bedeutung und ökologische Probleme. *Geographische Rundschau, 52*(12), 28–35.

Treter, U. (1993). *Die borealen Waldländer. Das Geographische Seminar* (S. 210). Westermann.

United Nations. (2023). Boreal forests and climate change. From impacts to adaptation. *Policy brief*. https://unece.org/sites/default/files/2023-03/Boreal%20forests%20policy%20brief_%20ENG_final0.pdf

Venzke, J.-F. (1996). Geschichte und heutige Umweltgeschichte der Kola-Halbinsel (Nord-Rußland). *Geographische Rundschau, 48*(5), 275–279.

Venzke, J.-F. (2008). *Die Borealis. Die Zukunft der nördlichen Wälder* (S. 180). Wissenschaftliche Buchgesellschaft.

Venzke, J. F. (2022). Quo vadis, Borealis? Nördliche Waldökosysteme unter Druck. *Geographische Rundschau, 74*(1/2), 32–36.

Venzke, J.-F., & Langer, M. (2013/14). Globale Gefahren durch intensive Nutzung der Taiga-Wälder. In J. L. Lozán, H. Grassl, H.-W. Hubberten, P. Hupfer, P. Karbe, & D. Piepenburg (Hrsg.), *Warnsignale aus den Polargebieten. Wissenschaftliche Fakten*. Wissenschaftliche Auswertungen, Neuauflage; Kap. 5.6 = Online: www.warnsignale.uni-hamburg.de (2013) *und* Print: S. 335–229 (2014).

Venzke, J.-F., & Steinecke, K. (Hrsg.). (2001). *Quo vadis, Borealis? Kolloquiumsbeiträge zum Zustand und zur Zukunft der borealen Landschaftszone* (Bd. 37, S. 131). Bremer Beiträge zur Geographie und Raumordnung.

Volney, W. J. A., & Fleming, R. A. (2000). Climate change and impacts of boreal forest insects. *Agriculture, Ecosystems and Environment, 82*(1–2), 283–294.

Vorob'ev, V. V., & Gerloff, J. U. (Hrsg.). (1988). *Die Erschließung Sibiriens und des Fernen Ostens. Geschichte, Konzeptionen, Ergebnisse, Vergleiche* (S. 215). Akademie der Wissenschaften Irkutsk & Ernst-Mozitz-Arndt-Universtät Greifswald, VEB Hermann Haack.

Weeden, R. B. (1992). *Messages from Earth. Nature and the human prospect in Alaska* (S. 189). University of Alaska Press.

Wei-Haas, M. (2020). In Sibirien explodiert der Permafrost. https://www.nationalgeographic.de/wissenschaft/2020/09/in-sibirien-explodiert-der-permafrost

Wein, R. W., & Maclean, D. A. (Hrsg.). (1983). *The role of fire in northern circumpolar ecosystems* (S. 332). Wiley.

Westermann Bildungsmedienverlag. (Hrsg.) (2023). Diercke Weltatlas, S. 339

Printed in the United States
by Baker & Taylor Publisher Services